Erick Salomón Kusnir Levy

Caracterización de un Macizo Rocoso para definir el Revestimiento de un Túnel

Erick Salomón Kusnir Levy

Caracterización de un Macizo Rocoso para definir el Revestimiento de un Túnel

Definir la resistencia al corte y deformabilidad de un macizo rocoso para determinar el revestimiento de un túnel

Editorial Académica Española

Publisher:
Editorial Académica Española
is a trademark of
International Book Market Service Ltd., member of OmniScriptum Publishing Group
17 Meldrum Street, Beau Bassin 71504, Mauritius
Printed at: see last page
ISBN: 978-620-0-40541-8

Índice de Contenido

2

Contenido

1. Objetivo 5

2. Introducción 5

3. Marco Teórico 7

   3.1 Geología, Geofísica y Modelo Geotécnico 7

   3.2 Evaluación del macizo rocoso 11

   3.3 Condiciones del macizo rocoso y su influencia en los esfuerzos mecánicos y las deformaciones 18

   3.4   Resistencia al corte de macizos rocosos 21

4. Antecedentes 40

   4.1 Túnel de desfogue de la presa la Yesca 40

   4.2 Túnel Yacambú-Quibor 43

   4.3 Túnel hidráulico Evinos-Mornos, Grecia 46

   4.4 Macro-túnel Escénica Alterna – Acapulco México 50

   4.5 Descripción de aspectos llamativos de los otros 6 túneles 52

5. Ejemplo de aplicación para la determinación de los esfuerzos de los revestimientos de un túnel carretero 54

   5.1 Método analítico basado en Hoek-Bown 61

   5.2 Comparación entre métodos empíricos y el método analítico basado en Hoek-Brown 67

6. Conclusiones 69

7. Referencias 70

Índice de Figuras

Figura 1. Tabla de clasificación RMR 13
Figura 2. Tabla de clasificación de la Q de Barton.. 15
Figura 3. Tabla del Índice Geológico de Resistencia. 17
Figura 4. Esfuerzo vertical en función de la profundidad. Tomado de Hoek-Brown (1985)........ 19
Figura 5. Cálculo del parámetro k en base al SRF de Barton. Tomado de Vallejo (2002). 20
Figura 6. Parámetro k en función de la profundidad 20
Figura 7. Tabla empírica de clasificación de terreno y tipo de soporte a usar de Terzaghi 22
Figura 8. Tabla empírica de excavaciones de túneles y tipo de soporte a usar de Bieniawski ... 23
Figura 9. Tabla empírica de excavaciones de túneles y tipo de soporte a usar de Barton en base a su índice Q 24
Figura 10. Gráfico que resume la empírica de excavaciones de túneles y tipo de soporte a usar de Barton en base a su índice Q 25
Figura 11. Valores del ESR. Tomado de Vallejo (2002). 26
Figura 12. Relación entre Índices de Macizo Rocoso y parámetros de Hoek-Brown. Tomado de Vallejo (2002). 29
Figura 13. Curvas de Hoek-Brown, su linealización, y Mohr-Coulomb. 30
Figura 14. Módulos de deformación en base a Índices de Macizos Rocosos. Tomado de Vallejo (2002). 31
Figura 15. Factor de reducción de Modulo de Young para obtener el Módulo de deformación del macizo rocoso. Tomado de Vallejo (2002). 32
Figura 16. Parámetro mi en diferentes litologías... 33
Figura 17. Curva característica 35
Figura 18. Curva de deformaciones acumuladas 35
Figura 19. Gráfica de tiempo de sostén sin revestimiento dependiendo del macizo y su calidad. Tomado de Vallejo (2002). 36
Figura 20. Concreto, Marcos rígidos, curvos y barras. Siendo D el diámetro del túnel. 39
Figura 21. Anclas. Siendo s el espaciado en el mallado de anclas. 39
Figura 22. Túnel de desfogue de la presa La Yesca en proceso de construcción....................... 40
Figura 23. Tabla de valores de carga de roca por el método de Terzaghi para el túnel de desfogue de la presa La Yesca 41
Figura 24. Curva característica y de soporte para el túnel de desfogue de la presa La Yesca.... 41
Figura 25. Modelado por diferencias finitas para el túnel de desfogue de la presa La Yesca 42
Figura 26. Ubicación del Túnel Yacambu-Quibor en Venezuela (izquierda), tipo de roca presente en el lugar (derecha superior) y perfil del túnel en relación a la falla más importante en la zona (derecha inferior). 44
Figura 27. Gráficos de deformación porcentual (superior), variación de la zona plástica (intermedio) y las zonas más problemáticas (inferior) a lo largo del encadenamiento del túnel. 45
Figura 28. Ubicación geográfica y distancias pertinentes en el túnel Evinos-Mornos, Grecia. .. 46
Figura 29. Tramos del túnel Evinos-Mornos, y la presión piezométrica a lo largo de su tramo. 46
Figura 30. Tabla de las litologías presentes a lo largo del tramo del túnel Evinos-Mornos, Grecia. 47
Figura 31. Estructura geológica en un perfil longitudinal del túnel Evinos-Mornos, Grecia. 47
Figura 32. Tabla que muestra el metraje por tipo de RMR encontrado en cada tramo del túnel Evinos-Mornos, Grecia. 48

Figura 33. Gráfico que muestra el porcentaje del tipo de RMR encontrado en cada tramo del túnel Evinos-Mornos, Grecia. 48
Figura 34. Sección del túnel junto con sus 2 revestimientos dependiendo del tipo de tuneladora presente. Izquierda lechada de concreto, derecha concreto pre-fabricado. 49
Figura 35. Avance y distancias logradas por cada tuneladora en cada tramo del túnel Evinos-Mornos, Grecia. 49
Figura 36. Clasificaciones RMR y Q para el Macro-túnel Escénica Alterna, Acapulco. 51
Figura 37. Módulos de Young para el Macro-túnel Escénica Alterna, Acapulco. 51
Figura 38. Índice Geológico, resistencia a la compresión simple, ángulo de fricción y cohesión para el Macro-túnel Escénica Alterna, Acapulco. 52
Figura 39. Ubicación Geográfica del caso de estudio. 54
Figura 40. Ubicación en mapa topográfico y carretero del caso de estudio. 54
Figura 41. Imagen del túnel del caso de estudio y sus coordenadas exactas. 55
Figura 42. Mapa Geológico del área en donde se encuentra el túnel del caso de estudio. 55
Figura 43. Mapa de suelos del área en donde se encuentra el túnel del caso de estudio. Bc rojo: Vegetación Baja Caducifolia. Q verde: Vegetación de encimo 56
Figura 44. Ubicación relativa del túnel del caso de estudio en relación a montañas aledañas.. 56
Figura 45. Perfil del túnel del caso de estudio que muestra las litologías presentes y la ubicación de los 4 sondeos geotécnicos de obtención de muestras que se realizaron. 57
Figura 46. Zonificación adoptada para el diseño del túnel del caso de estudio. La zona central esta coloreada de color blanco mientras que las zonas de portales de entrada y salida están coloreadas de color azul celeste. 58
Figura 47. Medición en Google Earth de la distancia real del túnel del túnel del caso de estudio (izquierda), e imagen real de este (derecha) donde se aprecia su altura relativa. 61
Figura 48. Deformación sin revestimiento en el momento de la excavación (azul oscuro) y un tiempo posterior a este (azul eléctrico) 62
Figura 49. Deformación con revestimiento de 30 cm de concreto en el momento de la excavación (azul oscuro) y un tiempo posterior a este (azul eléctrico) 62
Figura 50. Red estereográfica de las fracturas del macizo rocoso 65
Figura 51. Cuña generada por las fracturas 66
Figura 52. Cuña máxima 66
Figura 53. Red estereográfica generada en Software Unwedge 67

Índice de Tablas

Tabla 1. Comparación de sistemas de clasificación de macizos rocosos. 11
Tabla 2. Clasificación RQD 12
Tabla 3. Tabla valores para obtener el Índice RMR.. 59
Tabla 4.Tabla valores para obtener el Índice Q... 59
Tabla 5. Módulo de Deformación del Macizo Rocoso obtenido por diferentes métodos........... 60
Tabla 6. Tabla valores geotécnicos para obtener un diseño del revestimiento del túnel 61
Tabla 7. Valores de Parámetros de salida del Método Hoek-Brown, con revestimiento........... 64
Tabla 8. Valores de Parámetros de salida del Método Hoek-Brown, sin revestimiento 65
Tabla 9. Valores de Parámetros de salida del Método Hoek-Brown, frente del túnel 65

1. Objetivo

Realizar una revisión bibliográfica de casos prácticos y teóricos sobre túneles construidos en macizos rocosos y definir los parámetros de resistencia al corte y deformabilidad que caracterizan a un macizo rocoso para determinar a través de métodos empíricos y analíticos el tipo de revestimiento adecuado de un túnel circular.

2. Introducción

La construcción de obras subterráneas, en especial de túneles, requiere un entendimiento lo más preciso posible de las características del macizo rocoso en el cual se construirá dicha obra.

Los macizos se han clasificado en base a una multitud de parámetros por una variedad de autores, tomando varios aspectos en común entre ellos y otras características que son diferentes en cada clasificación. Esto también aplica a la gran variedad de conclusiones a las que estos autores llegan en cuanto a los mecanismos de soporte y construcción de la obra subterránea, las cuales, aunque no varían de forma drástica si presentan sus leves variaciones entre cada clasificación usada.

Todo estudio de obras subterráneas tipo túneles implica por ende cierto nivel de incertidumbre, y por supuesto también cierto nivel de conocimiento comúnmente aceptado.

Estos macizos se ven afectados por los esfuerzos presentes en la roca previo a la construcción, la relajación de estos debido a la oquedad realizada a medida la excavación ocurre, la presión de agua que pueda haber tanto en los poros de la matriz rocosa como en las fracturas del macizo rocoso, la cantidad de agua que se pueda filtrar debido a la permeabilidad de la matriz y de las fracturas en este macizo, la forma y rugosidad de las fracturas así como su relleno, y por supuesto la máxima capacidad de carga que este macizo tenga para soportar carga, esto dado por la historia geológica previa y la composición litológica de dicho macizo.

Explorar la totalidad de variables involucradas en la construcción de un sinfín de posibilidades de formas y diseños de túneles, solo puede ser explorado en una secuencia de tomos de libros. Para este trabajo, la investigación se enfocará en la resistencia al corte de estos macizos rocosos y como esta resistencia impactará la deformabilidad de este macizo y por ende sus mecanismos de soporte para que la obra cumpla con deformaciones aceptables desde un punto de vista de su seguridad, su practicidad y las normativas que rigen este tipo de construcciones, en cuyo caso particular viene siendo el manual de túneles y carreteras de la STC (Secretaria de Comunicaciones y Transporte de México), que aunque no es vinculante si se puede tomar como una guía a seguir y tomar en cuenta.

También el trabajo se centrará en aplicaciones específicas tales como los túneles carreteros para autopistas y también túneles de secciones circulares, ya que estos se encuentran en mayor cantidad y también permitiendo entonces concentrar los esfuerzos de este trabajo en aplicaciones específicas con requerimientos específicos, descartando otros requerimientos de los otros tipos de túneles para otras aplicaciones ingenieriles.

Por ejemplo, túneles que transporten agua en presas deben tener requerimientos más estrictos en cuanto a la impermeabilización, no pueden tener canalizaciones de desagüe de lluvias.

El análisis de esfuerzos y la resistencia al corte de macizos rocosos ya ha sido estudiada por una variedad de autores, entre los cuales el más notable y el método más usado es el desarrollado por Hoek-Brown.

Estos autores desarrollaron una envolvente de falla similar a la de Mohr-Coulomb, pero que al no ser lineal, muestra un comportamiento más real del macizo rocoso en su conjunto y no de la matriz rocosa únicamente como el de Mohr-Coulomb.

Las ecuaciones que describen este mecanismo de falla fueron obtenidas de forma empírica ya que no existe forma analítica de llegar a un set de variables y relaciones entre ellas, partiendo de alguna verdad física o matemática para describir estos fenómenos.

Una vez Hoek-Brown obtuvieron una relación de los esfuerzos principales en un macizo rocoso se desarrolló el método de la curva característica, el cual explica las deformaciones que estos macizos experimentan en función de estos esfuerzos. La curva característica propone un comportamiento elástico seguido de uno plástico, el cual se intenta evitar en la mayor parte de los casos, y esto se hace por medio de los revestimientos y métodos de soportes tales como anclas y marcos.

Varios programas computacionales toman en cuentas ambos sets de ecuaciones para obtener a partir de las características de macizo y su clasificación, además de la geometría del túnel, el soporte adecuado que debe ser diseñado e implementado en dicho proyecto.

Existen otros sets de ecuaciones generadas por otros autores que también intentan recrear el estado de esfuerzos en el macizo alrededor del túnel y su posterior deformación, que también se revisaran brevemente en este trabajo.

Por otro lado, este análisis a pesar de ser bastante matemático tiene su basamento en muchos supuestos los cuales son parte de las consideraciones que se deben hacer para aplicar los criterios de Hoek-Brown y de la curva característica, así como de los mecanismos de soporte.

Un enfoque diferente y no correlacionable de forma directa (más si indirecta) al planteado anteriormente es el de la modelación numérica, el cual simula un estado de esfuerzos en ciertas condiciones de frontera (teniendo que asumir estos valores en base a condiciones in situ observadas) y dejando al programa generar un modelo de diferencias finitas en el cual propagará estas condiciones de frontera hasta completar el modelo y es en base a él que se diseñan los soportes necesarios para la construcción del túnel.

Dado que ambas formas de diseño parten de variables y requerimientos distintos no son comparables en base a sus procedimientos, pero si en base de resultados, pudiéndose entonces comparar estos al realizar análisis retrospectivos, y así observar cuales enfoques se ajustaron más a la realidad en cada caso de estudio.

Es por esto que una revisión de casos previos de estudios es relevante, así como también una aplicación actual en este campo de la geotecnia. Los túneles, al ser obras de gran envergadura y de posibles riesgos de gran dimensión, son obras que deben ser diseñadas y realizadas bajo una estricta conciencia de los factores que están involucrados en ellos, siendo el estado de esfuerzos y deformaciones vitales para una concepción correcta de la obra en todos sus ámbitos.

3. Marco Teórico

3.1 Geología, Geofísica y Modelo Geotécnico

Para obtener una caracterización correcta del macizo en el cual va a estar inmerso el túnel y la obra de su construcción se debe primero generar campañas de estudios que involucren el estudio de la geología local y regional presente en dicho macizo, de las propiedades físicas que este macizo muestra y que parámetros se pueden obtener indirectamente a través de estas propiedades físicas las cuales se obtienen por medio de métodos geofísicos y por ultimo un enfoque de lo anterior pero no desde un punto de vista geológico sino desde un punto de vista ingenieril dándole el enfoque geotécnico que merece y sumándole a este análisis pruebas propias de la geotecnia como son las pruebas de laboratorio de muestras de mano o núcleos, pruebas in situ de parámetros geotécnicos y demás.

Para lograr esto, se obtienen datos de geología por medio de visitas al sitio, imágenes satelitales, afloramientos, caracterización de fallas y se generan modelos geológicos del área. Se obtienen también una topografía a detalle tanto en la línea del perfil del túnel como en varias secciones transversales a este, y se ubican puntos base o monumentos previamente establecidos (o se generan nuevos). Además se integran todos estos datos y mapas obtenidos, a los que ya están disponibles en las cartas geológicas nacionales, mapas topográficos históricos, y mapas de instalaciones urbanas y de servicios existentes en los diferentes organismos nacionales que los resguardan y tienen a disposición del público interesado.

De igual manera se generan campañas de adquisición de diversos métodos geofísicos, los cuales previamente se diseñan ajustados al requerimiento que se desea obtener. Los métodos geofísicos son diversos, ya que cada uno se concentra en medir u observar cada una de las diferentes propiedades físicas del suelo y subsuelo. Entre los más utilizados están los métodos sísmicos, los eléctricos, los de campos potenciales (gravimétricos y magnéticos), los electromagnéticos, el georadar y los radiométricos.

Dentro de los métodos símicos se pueden usar varios tipos de ondas que se generan en el subsuelo para obtener las propiedades de este. Las ondas pueden ser clasificadas por su forma de propagación en ondas de compresión o primarias, ondas de corte o secundarias y ondas superficiales entre las que se encuentran las Love y las Rayleigh. También estos métodos sísmicos pueden ser clasificados por el tipo de onda que se obtiene de respuesta del subsuelo, pudiendo ser estas las directas, las ondas reflejadas, las ondas refractadas críticamente o las de ruido sísmico.

Para la geotecnia en general, y para la caracterización de macizos rocosos con propósitos de obras en túneles específicamente, los métodos sísmicos más relevantes y que entregan resultados más acordes a los requerimientos de estas obras son los métodos de refracción crítica sísmica tanto de ondas de compresión como de ondas de corte. También los métodos de medición de ruido sísmico para la obtención de la velocidad de onda de corte pueden ser útiles en este sentido.

Los métodos de refracción crítica se basan en el principio de la Ley de Snell, y establecen que para una interfase de 2 materiales de velocidades diferentes, en la que la velocidad del material por el que la onda viaja primero es menor a la velocidad del segundo material, a un ángulo dado de incidencia sobre esta interfase que es igual al arco seno de la velocidad del primer medio entre la velocidad del segundo medio, esta onda viajará justo por la interfase cuando llegue a ella y viajara con la velocidad del segundo material.

Por ende unos geófonos, o instrumentos que miden las vibraciones del suelo, colocados en una línea recta a partir de un punto donde se genere una perturbación acústica, medirán tanto la onda directa que viaja directo de la fuente a estos geófonos y viajando con la velocidad del material de la primera capa, como la onda refractada críticamente en la interfase entre la primera y segunda capa. Dado que la velocidad de la segunda capa es mayor que la de la primera y que la onda refractada críticamente viaja la mayor parte de su trayecto por esta interfase, a cierta distancia de la fuente acústica, dejará de llegar de primero la onda directa y en cambio empezará a llegar de primero la onda refractada críticamente, dado que esta viaja más rápido.

Mediante la generación de estos registros sísmicos en varios puntos de un mismo perfil y en ambas direcciones (hacia adelante y en reversa) se pueden generar perfiles que indiquen el cambio topográfico en profundidad de esta interfase de 2 capas, además de por supuesto obtener también el valor de ambas velocidades de ambas capas.

Este método de refracción crítica sísmica se puede hacer tanto para ondas compresionales (la dirección de transmisión de la energía de la onda es la misma que la del plano de viaje de la onda) o para ondas de corte (la dirección de transmisión de la energía de la onda es perpendicular a la del plano de viaje de la onda).

Una estimación un poco menos detallada de la onda de corte también se puede generar por medio de mediciones de ruido sísmico, lo cual no es más que obtener mediciones del movimiento y vibración natural del subsuelo sin tener fuente acústica alguna. Estas mediciones requieren captar las ondas con frecuencias bajas, y de todo el registro obtenido quedarse con el cono de ondas superficiales, las cuales después de un procesamiento matemático en el que se obtienen sus curvas de dispersión de energía, se pueden generar perfiles de las ondas de corte, ya que el mayor generador de ondas superficiales son las ondas de corte cuando estas interactúan con la interfase de la superficie del terreno.

Las velocidades de onda ya sean compresionales o de corte, nos dan una idea de la competencia del material presente y de las diferentes capas debajo de la superficie. También, al tener ambas velocidades (compresional y de corte) se puede obtener el coeficiente de Poisson, lo cual es de mucha utilidad ya que este es directamente un indicador de la cantidad de líquido presente en cada capa. Además, al también incorporar la densidad volumétrica obtenida por medio de pruebas de laboratorio de muestras de campo, se pueden entonces sacar todos los demás módulos elásticos, tales como el de Young, las compresibilidades volumétricas y al corte. Por supuesto, estos módulos son indicativos de la matriz rocosa y no del macizo rocoso que es lo que más nos interesa como geotecnistas. Obtener propiedades elásticas de este macizo implica tomar en cuenta también el comportamiento de los bloques y fallas dentro de este él.

También se explorará en este trabajo los métodos puramente eléctricos, llamados Sondeos Eléctricos Verticales o SEV. Estos métodos se basan en obtener la resistividad en profundidad de un punto debajo del subsuelo. Repitiendo el mismo esquema, pero moviendo los elementos involucrados se pueden generar perfiles que muestren como varía la resistividad en profundidad y en distancia. Esencialmente consiste en colocar 4 varillas de metal insertadas y bien acopladas a la superficie del suelo. Las 2 varillas de los extremos son aquellas por las que se transmitirá corriente eléctrica del tipo directa, por medio de un generador o batería de alta potencia, siendo una varilla su polo positivo y la otra el negativo. Las 2 varillas centrales son aquellas por las que se mide el diferencial de voltaje que hay entre ellas. Por medio de la Ley de Ohm que relaciona voltajes, corrientes y resistencias, y por medio de parámetros geométricos que relacionan la resistividad a la resistencia obtenida (los cuales dependen del espaciamiento entre estas varillas) se obtiene la resistividad a una profundidad equivalente a la mitad de la longitud de este tendido de 4 varillas. Ampliando o disminuyendo la longitud del tendido se cambia de esta manera la profundidad observada, y variando la posición del centro del tendido se generan entonces mediciones a lo largo de una distancia dada para generar así un perfil de resistividades.

Existen diferentes geometrías para colocar estas varillas, las cuales se clasifican en Schlumberger, Wenner, Polo-dipolo, dipolo-dipolo o Polo-Polo.

La resistividad del macizo rocoso es indicativa tanto de su litología, como del relleno y de la cantidad de fallamiento que este tenga, así como de la posibilidad de observar la presencia de cavernas o karsticidad y del agua presente dentro de las fracturas o en la matriz rocosa o del suelo presente y de su salinidad.

Los demás métodos geofísicos, aunque muy útiles en otras aplicaciones, no son de tal relevancia para la geotecnia y en específico para la caracterización de macizos rocosos, por los que no se ahondará en ellos. Sin embargo, se puede mencionar que los métodos electromagnéticos también dan como resultado perfiles de resistividad pero son más comúnmente usados para poder profundizar más, por lo tanto a veces pueden ser requeridos, sobre todo en túneles con una gran cantidad de material sobre la excavación a realizar. Los métodos magnéticos y gravimétricos son aquellos que muestran los cambios de estos campos terrestres sobre la superficie y son bastante usados en la minería, por ende son insumos que los túneles mineros pueden tener sin costo alguno, ya que la caracterización del material a extraer ha debido requerir de estos estudios y pueden dar indicios de la densidad del material del macizo rocoso así como de la presencia o no de materiales metálicos o magnéticos, muchos de estos que se pueden acumular en fallas geotermales por ejemplos y por lo tanto podrían ser de utilidad en la caracterización geotécnica.

Los métodos de reflexión sísmica dan un nivel de detalle de las capas mucho mayor al de la refracción, pero solo son realmente aplicables para capas planas debido a la matemática de fondo que se usa en ellos, por lo tanto, en suelos y rocas sedimentarias tienden a ser bastante usados sobre todo para aplicaciones que tengan el presupuesto para costear estudios caros. Para otras litologías, no son muy aplicables, es decir a rocas de origen ígneo o metamórficas, por su falta de planos de estratificación horizontales. Además estos métodos son bastante más costosos y son mayormente usados en la exploración petrolera. Sin embargo, para casos muy particulares que cumplan con estas condiciones y necesidades, pudiesen ser usados.

Una vez obtenidos los resultados de estas propiedades geofísicas se pueden generar campañas de adquisición de muestras de núcleos o de mano, para realizarle las pruebas de laboratorio y en casos puntuales pruebas geotécnicas de campo. Al tener que hacerse esto en puntos muy específicos y de poco alcance en la superficie que cubren, deben obtenerse y realizarse en puntos de mayor relevancia para el proyecto y que con ellos se obtengan las características más relevantes ya sea de aquellas zonas generales que se van a perforar como de aquellas zonas puntuales, pero posiblemente problemáticas por dónde pasará la obra. Por lo que es necesario que previamente se hayan realizado las exploraciones geológicas y geofísicas correspondientes y así por dar una locación precisa de dónde realizar esta obtención de muestras.

Las muestras de núcleo son llevadas a laboratorio para obtener de ellas pruebas de compresión simples, pruebas triaxiales de ser estas necesarias, generar el cálculo de la densidad volumétrica, su cantidad porcentual de agua, y también posiblemente valores como la permeabilidad de esta matriz rocosa y su porosidad, entre otros parámetros e índices geotécnicos que sean relevantes para la obra, dependiendo del caso.

Por medio de pruebas de carga y descarga se pueden obtener los módulos de Young de la matriz rocosa, insumo necesario en el momento de calcular las deformaciones que sobrellevará el macizo cuando sea perforado.

También de las pruebas de núcleo se puede obtener una medida del RQD, que es un parámetro que explica muy a groso modo la cantidad de discontinuidades dentro de un macizo rocoso, el cual se explicará brevemente más adelante.

Pruebas in situ como las de placa, que son de alto costo, solo deben ser implementadas si se requiere conocer con una muy alta exactitud la deformabilidad del macizo en cuestión. Por otro lado, pruebas de penetración, como las de cono, solo se pueden llevar a cabo en suelos o rocas excesivamente blandas por lo que no aplican a macizos rocosos competentes.

Una vez generados los reportes geológicos, geofísicos y geotécnicos correspondientes, se caracteriza dicho macizo en bloques o zonas que tendrán características similares desde un punto de vista geotécnico. Es de esencial importancia que el enfoque de todas estas pruebas y reportes sea desde un punto de vista ingenieril, ya que no se está estudiando por ejemplo la geología desde un punto de vista de su historia geológica y paleo-tectonismo, sino se está caracterizando dicho macizo para poder construir el túnel en cuestión bajo los estándares de seguridad y tiempo de vida adecuados y establecidos en normativas vigentes.

3.2 Evaluación del macizo rocoso

Los macizos son complejos y su clasificación se ha realizado por una diversidad de autores en base a mediciones y observaciones empíricas de una gran cantidad de casos distintos alrededor del mundo. La complejidad de hacer que este proceso sea lo más exacto y objetivo posible proviene del hecho que cada macizo tiene una cantidad de variables importantes distintas a los demás, siendo además las variaciones de estas variables, muchas veces interrelacionadas entre sí.

Fernández, Pérez & Mulone (2017) hacen una comparación entre varios sistemas de clasificación de macizos rocosos y la tabla a continuación es evidencia de la cantidad de estos sistemas que se han generado con el tiempo y el esfuerzo de diversos autores de afinar los valores que se obtienen de estas tablas clasificatorias.

Tabla 1. Comparación de sistemas de clasificación de macizos rocosos.

Denominación del sistema de clasificación	Autor, año	País de origen	Aplicación
Protodyakonov	Protodyakonov, 1907 (5)	Países del Este	Túneles
Carga en rocas	Terzaghi, 1946 (6)	Estados Unidos	Túneles con sostenimiento de acero
Tiempo de auto estabilidad	Lauffer, 1958 (7)	Austria	Túneles
Rock Quality Designation (*RQD*)	Deere *et al.*, 1967 (8) y Deere, 1968 (9)	Estados Unidos	Túneles
Rock Structure Rating (*RSR*)	Wickham *et al.*, 1972 (10)	Estados Unidos	Túneles
Rock Mass Rating (*RMR*)	Bieniawski, 1973 (11). (Bieniawski, 1989)[a] (1)	Sudáfrica	Túneles, minas, taludes y cimentaciones
Sistema *Q*	Barton *et al.*, 1974 (12), (Barton and Grimstad, 1994)[a] (13)	Noruega	Túneles, cavernas
Geological Strength Index (*GSI*)	Hoek *et al.*, 1995 (14)	Canadá	No aplicable a cálculos de sostenimiento. Caracterización de macizos rocosos (15)
Rock Mass index (*RMi*)	Palmström, 1995 (3) (16)	Noruega	Ingeniería de rocas
Rock Condition Rating (*RCR*) o *RMRmod*	Sheorey, 1993 (17), Goel *et al.* 1996 (18), Kumar *et al.*, 2004 (19)	India	Variante de *RMR*
N (o índice *Qmod*)	Sheorey, 1993 (17), Goel *et al.* 1996 (18), Kumar *et al.*, 2004 (19)	India	Variante del sistema *Q* cuando *SRF* = 1.
Rock Mass Fabric Indices (F)	Tzamos and Sofianos, 2007 (20)	Grecia	Diagramas para obtener de manera simplificada los parámetros de los sistemas *RMR*, *Q*, *GSI* y *RMi*
Rock Mass Quality Index	Aydan *et al.*, 2014 (21)	Japón - Turquía	Estimación de propiedades del macizo rocoso

En este trabajo se ahondará sólo sobre los más importantes y sobre aquellos que sirven de valores de entrada para el cálculo de los esfuerzos y deformaciones dentro de un macizo rocoso.

Comenzando por el índice más simple, el RQD (Rock Quality Designation) fue desarrollado por Deere entre 1963 y 1967, se define como el porcentaje de recuperación de trozos no fracturados de núcleo de más de 10 cm de longitud (en su eje) - sin tener en cuenta las roturas frescas del proceso de perforación - respecto de la longitud total del sondeo. Dado que es un porcentaje su valor varía de 0-100%.

Tabla 2. Clasificación RQD

RQD	Descripción del macizo
<25%	muy pobre
25-50%	pobre
50-75%	regular
75-90%	bueno
90-100%	muy bueno

Es un estimador rápido para identificar si el macizo se encuentra excesivamente fracturado, moderadamente fracturado o es bastante macizo.

Posteriormente en 1976, Bieniawski publica una clasificación del macizo rocoso llamado "Rock Mass Rating (RMR)", luego actualizado en 1989. El sistema de clasificación RMR, está basado en parámetros de resistencia, el índice de calidad de la roca RQD y la condición de las discontinuidades.

CLASIFICACION GEOMECANICA RMR (BIENIAWSKI, 1989)

							COMPRESION SIMPLE (MPa)		
1	RESISTENCIA A LA MATRIZ ROCOSA (MPa)	ENSAYO DE CARGA PUNTUAL	> 10	10 - 4	4 - 2	2 - 1			
		COMPRESION SIMPLE	>250	250 - 100	100 - 50	50 - 25	25 - 5	5 - 1	<1
	PUNTUACION		15	12	7	4	2	1	0
2	RQD		90 % - 100 %	75 % - 90 %	50 % - 75 %	25 % - 50 %	< 25 %		
	PUNTUACION		20	17	13	6	3		
3	SEPARACION DE DIACLASA		> 2 m	0.6 - 2 m	0.2 - 0.6 m	0.06 - 0.2 m	< 0.06 m		
	PUNTUACION		20	15	10	8	5		
4	ESTADO DE LAS DISCONTINUIDADES	LONG DE LA DISCONTINUIDAD	< 1 m	1 - 3 m	3 - 10 m	10 - 20 m	> 20 m		
		PUNTUACION	6	4	2	1	0		
		ABERTURA	Nada	< 0.1 mm	0.1 - 1.0 mm	1 - 5 mm	> 5 mm		
		PUNTUACION	6	5	3	1	0		
		RUGOSIDAD	Muy Rugosa	Rugosa	Ligeramente Rugosa	Ondulada	Suave		
		PUNTUACION	6	5	3	1	0		
		RELLENO	Ninguno	Relleno duro < 5 mm	Relleno duro > 5 mm	Relleno blando < 5 mm	Relleno blando > 5 mm		
		PUNTUACION	6	4	2	2	0		
		ALTERACION	Inalterada	Ligeramente Alterada	Moderadamente alterada	Muy alterada	Descompuesta		
		PUNTUACION	6	5	3	1	0		
5	AGUA FREATICA	CAUDAL POR 10m DE TUNEL	Nulo	< 10 litros/min	10 - 25 litros/min	25 - 125 litros/min	> 125 litros/min		
		RELACION: PRESION DE AGUA/TENSION PRINCIPAL MAYOR	0	0 - 0.1	0.1 - 0.2	0.2 - 0.5	> 0.5		
		ESTADO GENERAL	Seco	Ligeramente húmedo	Húmedo	Goteando	Agua fluyendo		
	PUNTUACION		15	10	7	4	0		

CLASIFICACION	CLASE	I	II	III	IV	V
	CALIDAD	Muy Buena	Buena	Media	Mala	Muy Mala
	PUNTUACION	100 - 81	80 - 61	60 - 41	40 - 21	< 20

Figura 1. Tabla de clasificación RMR

El RMR se basa en los siguientes 5 parámetros a los que les da una valoración por cada condición posible, los cuales se muestran más abajo en una tabla:

• Resistencia de la matriz rocosa

• Rock Quality Designation (RQD).

• Espaciado entre juntas o discontinuidades (Js).

• Estado de las juntas (Jc).

• Agua freática. .

• Corrección por la orientación de las discontinuidades.

El valor de RMR se obtiene como suma de los valores asignados a los parámetros señalados, oscilando el valor entre 0 y 100, siendo mayor cuanto mejor es la roca.

De manera similar, Barton, et al. (1974), publicaron el índice de calidad con propósitos de diseño de un túnel, el cual se convirtió en uno de los índices de clasificación de macizos rocosos más aceptados. Además de ser Barton el autor principal del índice Q, él también elaboró una guía de construcción de túneles en las que se consideran las características propias de las fracturas y demás parámetros relevantes.

La Q de Barton se basa en los siguientes 6 parámetros a los cuales se les da una valoración por cada condición posible:

• Rock Quality Design (RQD).

• Número de familia de juntas o discontinuidades (Jn).

• Rugosidad de las juntas (Jr).

• Grado de alteración de las juntas (Ja).

• Presencia de agua (Jw)

• Estado tensional de la roca, Stress Reduction Factor (SRF).

El sistema especifica la valoración de cada uno de los parámetros en base a una tabla que se muestra a continuación y el valor Q es calculado mediante la ecuación

$$Q = \left(\frac{RQD}{Jn}\right) * \left(\frac{Jr}{Ja}\right) * \left(\frac{Jw}{SRF}\right)$$

El valor de Q oscila entre 0,001 para terrenos malos y 1.000 para terrenos muy buenos.

Existen correlaciones entre la Q de Barton y el RMR, basada estrictamente en pruebas empíricas. La ecuación más usada para esta transformación es la siguiente:

$$RMR = 9Ln\,(Q) + 44$$

Existen una alta variedad de fórmulas, con estructura parecida en cuyo caso solo cambian los valores.

En la siguiente figura se muestra la tabla de Q de Barton, simplificada, ya que la tabla completa es extensa y no es necesario colocar en este trabajo todas las especificaciones que la tabla completa muestra para cada valor o caso que se presenta en ella.

DESCRIPTION	VALUE	NOTES
1. ROCK QUALITY DESIGNATION	**RQD**	
A. Very poor	0 - 25	1. Where *RQD* is reported or measured as ≤ 10 (including 0),
B. Poor	25 - 50	a nominal value of 10 is used to evaluate Q.
C. Fair	50 - 75	
D. Good	75 - 90	2. *RQD* intervals of 5, i.e. 100, 95, 90 etc. are sufficiently
E. Excellent	90 - 100	accurate.
2. JOINT SET NUMBER	J_n	
A. Massive, no or few joints	0.5 - 1.0	
B. One joint set	2	
C. One joint set plus random	3	
D. Two joint sets	4	
E. Two joint sets plus random	6	
F. Three joint sets	9	1. For intersections use $(3.0 \times J_n)$
G. Three joint sets plus random	12	
H. Four or more joint sets, random,	15	2. For portals use $(2.0 \times J_n)$
heavily jointed, 'sugar cube', etc.		
J. Crushed rock, earthlike	20	
3. JOINT ROUGHNESS NUMBER	J_r	
a. Rock wall contact		
b. Rock wall contact before 10 cm shear		
A. Discontinuous joints	4	
B. Rough and irregular, undulating	3	
C. Smooth undulating	2	
D. Slickensided undulating	1.5	1. Add 1.0 if the mean spacing of the relevant joint set is
E. Rough or irregular, planar	1.5	greater than 3 m.
F. Smooth, planar	1.0	
G. Slickensided, planar	0.5	2. $J_r = 0.5$ can be used for planar, slickensided joints having
c. No rock wall contact when sheared		lineations, provided that the lineations are oriented for
H. Zones containing clay minerals thick	1.0	minimum strength.
enough to prevent rock wall contact	(nominal)	
J. Sandy, gravely or crushed zone thick	1.0	
enough to prevent rock wall contact	(nominal)	
4. JOINT ALTERATION NUMBER	J_a	ϕr degrees (approx.)
a. Rock wall contact		
A. Tightly healed, hard, non-softening,	0.75	1. Values of ϕr, the residual friction angle,
impermeable filling		are intended as an approximate guide
B. Unaltered joint walls, surface staining only	1.0	25 - 35 to the mineralogical properties of the
C. Slightly altered joint walls, non-softening	2.0	25 - 30 alteration products, if present.
mineral coatings, sandy particles, clay-free		
disintegrated rock, etc.		
D. Silty-, or sandy-clay coatings, small clay-	3.0	20 - 25
fraction (non-softening)		
E. Softening or low-friction clay mineral coatings,	4.0	8 - 16
i.e. kaolinite, mica. Also chlorite, talc, gypsum		
and graphite etc., and small quantities of swelling		
clays. (Discontinuous coatings, 1 - 2 mm or less)		

Figura 2. Tabla de clasificación de la Q de Barton

En 1995 Hoek et al, introducen el concepto del índice de esfuerzo geológico (GSI), el cual sustituye al RMR de Bieniawski en los cálculos del criterio de falla de Hoek-Brown. Posteriormente, en el año 2000, Hoek & Marinos introducen una adaptación del valor de GSI para diferentes tipos de macizos rocosos. Así mismo, Cai en 2004, publica una aproximación cuantitativa del GSI basado en el tamaño de los bloques y la condición de las juntas. De forma similar Hoek en 2013 expone una cuantificación del GSI, enfocado en la medida del índice de calidad de la roca (RQD) y la condición de las juntas.

La relación entre el GSI y el RMR, para valores de GSI mayores a 25 es mayormente conocida de esta forma a:

$$RMR = GSI + 5$$

El GSI es de alta importancia en este trabajo ya que este parámetro es un insumo dentro de las ecuaciones de Hoek-Brown para el cálculo de los esfuerzos y deformaciones del macizo rocoso del que se quiera estudiar su comportamiento.

El valor del GSI se obtiene por medio de la tabla siguiente:

Figura 3. Tabla del Índice Geológico de Resistencia.

3.3 Condiciones del macizo rocoso y su influencia en los esfuerzos mecánicos y las deformaciones

Los macizos rocosos, así sean de características iniciales idénticas, con lo que tendrían clasificaciones similares, pueden tener diferentes condiciones de intemperización, grados de deformaciones previas, condiciones hidráulicas distintas, diferentes estados de esfuerzos in situ, y la oquedad que se les realizará para construir el túnel puede tener tamaños y soportes distintos, por ende todos estos factores también deben ser tomados en cuenta en el análisis integral para la realización de la obra.

El intemperismo puede condicionar la calidad del macizo en su parte más externa y hacerlo proclive a filtraciones hacia lo interno de este lo cual lo irá desgastando con el tiempo. Además de provocar posibles caídos en las entradas y salidas de la obra.

Las condiciones hidráulicas son factores que pueden cambiar un buen macizo desde un punto de vista de la calidad de este a uno que generará una gran cantidad de problemas en la construcción del túnel. La presión hidráulica en las fracturas de un macizo puede alcanzar varios miles de psi en algunos casos y cuando se perfora a través de ellas esta presión puede generar caídos y destruir trozos considerables de la obra o dejar daños difíciles o costosos de reparar en el macizo circundante. El uso de bombas extractoras de agua, si no estaba en los cálculos iniciales de los costos de la excavación puede implicar un incremento substancial en el costo final.

Las condiciones de esfuerzos iniciales in situ mayormente vienen dadas por las cargas verticales que se tienen a la profundidad donde se realizará la excavación (a su vez dadas por la densidad de la roca encima del túnel y la profundidad de este) y los esfuerzos tectónicos que posiblemente estuviesen presentes en el sitio. Ambos tipos de esfuerzos y la calidad del macizo rocoso son los que regirán si al momento de realizar la excavación el macizo, este sufrirá deformaciones importantes que sean quizás permanentes si no son atajadas a tiempo o si por el contrario el macizo será capaz de mantenerse prácticamente intacto a pesar de presentar la oquedad.

La tensión vertical en un punto debido a la carga de materiales suprayacentes viene dada por la ecuación σ_v = pgz, siendo p la densidad del material, g la fuerza de la gravedad ($9,8$ m/s^2) y z la profundidad o espesor de materiales. La magnitud promedio a nivel mundial de esta tensión vertical es del orden de 0.027 MPa/metro (1 MPa ~ 40 metros). Esta tensión compresiva vertical origina esfuerzos laterales horizontales al tender las rocas a expandirse en direcciones transversales con respecto a las cargas verticales. En cuerpos elásticos la expansión transversal se expresa por el coeficiente de Poisson v, según: $v = \dfrac{\varepsilon t}{\varepsilon l}$, siendo ε_t la deformación transversal y ε_l la deformación longitudinal.

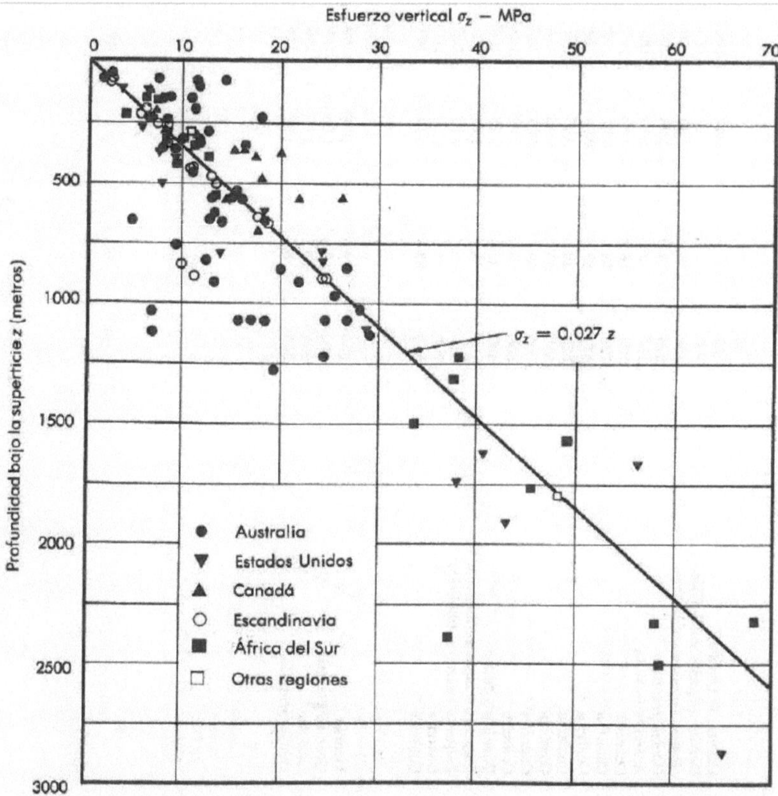

Figura 4. Esfuerzo vertical en función de la profundidad. Tomado de Hoek-Brown (1985).

Vallejo et al. (2002) explica que en el comportamiento de las presiones que se tienen en un macizo rocoso a grandes profundidades (mayor a 500 metros de profundidad, según su estimado) la componente vertical tiende a igualarse a la horizontal, obteniéndose entonces un k=1, siendo k la relación de esfuerzos horizontales, entre los verticales.

Para profundidades más someras, la variabilidad del k aumenta pudiéndose este ser mayor o menor que 1. Muy someramente en general los esfuerzos horizontales tienden a ser mayores a los verticales. Pero esto va a depender del ambiente tectónico presente en el lugar.

La fórmula para obtener el k a partir del módulo de Poisson es la siguiente:

$$k = \frac{v}{1-v}$$ Siendo v el módulo de Poisson.

El parámetro k también puede ser calculado en base al valor de SRF de la clasificación de Barton que se explicó anteriormente. La siguiente tabla es un indicativo de que el parámetro SRF da a conocer el estado tensional presente en el sitio

Rocas plegadas en el Hercínico			Rocas plegadas en el Alpino		
SRF	K	Estado tensional	SRF	K	Estado tensional
> 3,6	< 1,0	Bajo	> 2,4	< 1,0	Bajo
3,6 a 3,4	1,0 a 1,5	Medio	2,4 a 2,2	1,0 a 1,5	Medio
3,4 a 3,2	1,5 a 2,0	Alto	2,2 a 2,0	1,5 a 2,0	Alto
< 3,2	> 2,0	Muy alto	< 2,0	> 2,0	Muy alto

Figura 5. Cálculo del parámetro k en base al SRF de Barton. Tomado de Vallejo (2002).

Tener un K alto, implica tener un estado tensional alto, lo cual en general se debe a la presión de carga vertical a grandes profundidades. Esto se puede ver en la siguiente gráfica que muestra Hoek-Brown (1985).

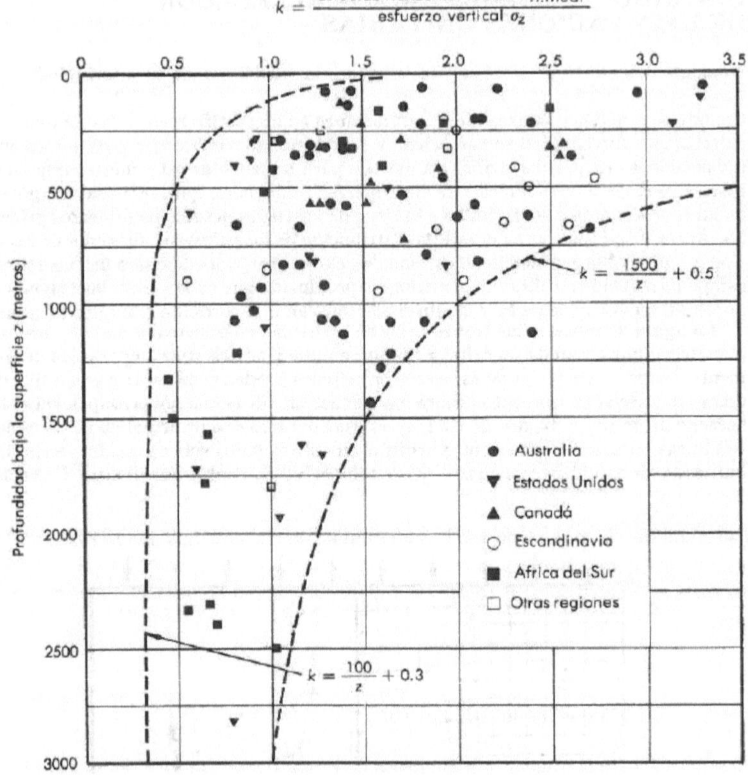

Figura 6. Parámetro k en función de la profundidad

A medida la excavación avance hacia un punto dado, estos esfuerzos que en su mayoría tienden a ser verticales, van cambiando y en el momento en que la oquedad ya ha sido realizada se vuelven tangentes a la superficie de la excavación. Por lo tanto, en la clave por ejemplo, los esfuerzos pasan de ser verticales inicialmente a ser totalmente horizontales después de la excavación. Solo en los centros de los hastiales los esfuerzos permaneces siendo totalmente verticales después de generada la oquedad, al igual que los esfuerzos iniciales.

Las ecuaciones de Kirsch describen este comportamiento.

$$\sigma_r = \frac{\sigma_x + \sigma_y}{2}\left(1 - \frac{a^2}{r^2}\right) + \frac{\sigma_x - \sigma_y}{2}\left(1 - 4\frac{a^2}{r^2} + 3\frac{a^4}{r^4}\right)\cos(2\theta)$$

$$\sigma_\theta = \frac{\sigma_x + \sigma_y}{2}\left(1 + \frac{a^2}{r^2}\right) - \frac{\sigma_x - \sigma_y}{2}\left(1 + 3\frac{a^4}{r^4}\right)\cos(2\theta)$$

$$\tau_{r\theta} = -\frac{\sigma_x - \sigma_y}{2}\left(1 + 2\frac{a^2}{r^2} - 3\frac{a^4}{r^4}\right)\sin(2\theta)$$

En donde σ_r es el esfuerzo radiar, σ_θ el esfuerzo tangencial y $\tau_{r\theta}$ el esfuerzo cortante.

σ_x y σ_y son los esfuerzos horizontales y verticales, a es la distancia desde el borde de la oquedad hacia afuera de ella, r es el radio de la oquedad y θ el ángulo formado por r y la horizontal.

A estas ecuaciones se le pueden agregar el diferencial de presiones de poro en caso de ser necesario como un término adicional.

3.4 Resistencia al corte de macizos rocosos

Este parámetro es el eje central de este trabajo y además lo es también para la construcción de túneles. Es este parámetro el que indicará el tipo y grado de sostenimiento que se le debe incorporar a la oquedad del túnel para volverlo estable desde un punto de vista de su seguridad y de los parámetros de deformación aceptados para su funcionalidad.

En vista de su importancia, gran parte del trabajo histórico de muchos autores se ha centrado en discriminar la mejor forma de obtenerlo. Tres grandes ramas se bifurcan en la metodología de cómo obtener este parámetro de mejor manera. De forma: empírica, analítica o de modelado numérico.

3.4.1 Métodos empíricos

Estos métodos se basan en la documentación de una gran cantidad de pruebas en laboratorio, in situ, de observaciones en campo pre y post construcción de las obras de túneles y se basa en la experiencia de los autores que los proponen. Estos autores, después de esta gran recolección de datos provenientes de muchas partes del mundo, en diferentes ambientes geológicos, generan tablas que son más aptas para el consumo geotécnico y por las cuales el geotecnista se pueda guiar para generar los diseños apropiados dependiendo de las condiciones de la propuesta de túnel que vaya a realizar.

En este trabajo se mencionarán tres autores, los que se consideran más importantes para esta rama, más sin embargo existe una cantidad bastante mayor en las publicaciones hasta la actualidad.

En estas tablas no se muestra un valor de resistencia al corte del macizo ya que ese valor es un insumo para lo verdaderamente relevante, que es lo que se muestra en las tablas y es la selección de un tipo de soporte adecuado para que esta resistencia no se sobrepase.

Terzaghi

Terzaghi clasifica el terreno en diez categorías y proporciona la "carga de roca" o presión vertical que soportarían los mecanismos de sostenimiento de un túnel construido por procedimientos tradicionales.

Para la tabla a continuación, B es el ancho del túnel y H la altura de roca sobre la clave del túnel. La tabla presenta casos muy a groso modo, y se debe tomar en cuenta que esto lo generó Terzaghi en el año de 1946.

CLASE	TIPO DE TERRENO		C = CARGA DE ROCA (m)		PRESIÓN EN EL REVESTIMIENTO (kPa)		OBSERVACIONES
			INICIAL	FINAL	B = H = 5 m	B = H = 10	
1	ROCA	Dura y sana	-	-	-	-	Revestimiento sólo si hay caída de bloques
2	ROCA	Dura / Estratificada o esquistosa	-	0 - 0,5 B	0 - 60	0 - 130	Depende del buzamiento / Caída de bloques probable.
3	ROCA	Masiva / Moderadamente diaclasada	-	0 - 0,25 B	0 - 30	0 - 60	Caída de bloques probable. / Empuje lateral si hay estratos inclinados.
4	ROCA	Moderadamente fracturada / Bloques y lajas	-	0,25B - 0,35 (B+H)	30 - 90	60 - 100	Necesita entibación rápida. / Empuje lateral pequeño
5	ROCA	Muy fracturada	0 - 0,6 (B+H)	0,35 - 1,1 (B+H)	50 - 290	180 - 570	Entibación inmediata. / Empuje lateral pequeño
6	ROCA	Completamente fracturada / pero sin meteorizar	-	1,1 (B+H)	290	570	Entibación continua. / Empuje lateral considerable.
6´	GRAVA Y ARENA	Densa	0,54 - 1,2 (B+H)	0,62 - 1,38 (B+H)	130 - 290	260 - 580	Los valores más altos corresponden a grandes deformaciones que aflojan el terreno
6"	GRAVA Y ARENA	Suelta	0,94 - 1,2 (B+H)	1,08 - 1,38 (B+H)	230 - 290	450 - 580	Empuje lateral $P_h = 0,3 \gamma (H+B+C)$
7	SUELO COHESIVO	Profundidad moderada	-	1,1 - 2,1 (B+H)	290 - 550	570 - 1090	Fuerte empuje lateral
8	SUELO COHESIVO	Profundidad grande	-	2,1 - 4,5 (B+H)	550 - 1170	1090 - 2340	Entibación continua con cierre en la base.
9	SUELO o ROCA	Expansivo		Hasta 80 m, sea cual sea (B+H)	Hasta 2080	Hasta 2080	Entibación continua y circular (y deformable en casos extremos)

Figura 7. Tabla empírica de clasificación de terreno y tipo de soporte a usar de Terzaghi

Este autor se basa en su propio índice de macizo rocoso (el RMR) para generar la tabla a continuación, la cual es más detallada que la de Terzaghi, al incorporar el tipo de sostenimiento a usar, el tipo de avance a realizar y sus distancias, y las longitudes de cada tipo de sostenimiento propuesto. Esta tabla fue publicada en el año de 1989.

Clase RMR	Excavación	Sostenimiento		
		Anclas de fricción	Concreto lanzado	Marcos
I 100-81	Sección completa Avances de 3 m.	Innecesario, salvo alguna barra ocasional.	No	No
II 80-61	Sección completa Avances de 1 a 1.5 m.	Anclaje local en clave, con longitudes de 2 a 3 m. y separación de 2 a 2.5 m. eventualmente con malla.	5cm. En clave para impermeabilización.	No
III 60-41	Avance y banqueo. Avances de 1.5 a 3 m. Completar sostenimiento a 20 m. del frente.	Anclaje sistemático de 3 a 4 m. con separaciones de 1.5 a 2 m. en clave y hastiales. Malla en clave.	5 a 10 cm. en clave y 3 cm. en hastiales.	No
IV 40-21	Avance y banqueo. Avances de 1 a 1.5 m. Sostenimiento inmediato a menos de 10 m. del frente.	Anclaje sistemático de 4 a 5 m. con separaciones de 1 a 1.5 m. en clave y hastiales con malla electrosoldada.	10 a 15 cm. en clave y 10cm. en hastiales. Aplicación según avanza la excavación.	Marcos ligeros espaciadas 1.5 m. cuando se requieran.
V ≤ 20	Fases múltiples. Avances de 0.5 a 1 m. Lanzar concreto inmediatamente, incluyendo el frente, después de cada avance.	Anclaje sistemático de 5 a 6 m. con separaciones de 1 a 1.5 m. en clave y hastiales con malla electrosoldada. Anclaje en solera.	15 a 20 cm. en clave, 15 cm. en hastiales y 5 cm. en el frente. Aplicación inmediata después de cada avance.	Marcos pesados separadas 0.75 m. con blindaje de chapas y cerradas en solera.

Túneles de sección en herradura, ancho máximo 10 m., máximo esfuerzo vertical 250 kg/cm^2

Recomendaciones de sostenimiento según Bieniawski (1989).

Figura 8. Tabla empírica de excavaciones de túneles y tipo de soporte a usar de Bieniawski

Además, Bieniawski utiliza la siguiente ecuación para el cálculo de la carga sobre el revestimiento.

$P = \frac{100 - RMR}{100} YB$, siendo Y la densidad volumétrica del macizo sobre el túnel y B el ancho del túnel.

Posteriormente Barton publica una tabla aún más completa y basada en su índice Q, de la cual se obtienen las dimensiones de cada sostenimiento o combinaciones de estos a partir de los factores que hacen parte de este índice y del total de este. También presenta unas notas tanto del propio Barton como de otros autores sobre cada calidad de roca y su soporte descrito.

Calidad de la masa rocosa Q	Dimensión equivalente SPCE / ESR	Textura del bloque RQD / Jn	Resistencia friccionante entre bloques Jr / Jn	Presión aprox. En el soporte MPa	Barras de anclaje localmente	Barras de anclaje en cuadrícula, espaciamiento indicado	Pernos tensionados en cuadrícula, espaciamiento indicado.	Malla elaborada anclada con pernos en puntos intermedios	Concreto neumático aplicado directamente a la roca	Concreto neumático reforzado con malla soldada, espesor indicado	Arcos de concreto sin refuerzo, espesor indicado	Arcos de concreto con refuerzo, espesor indicado.	Notas de Barton, Lien y Lunde	Notas de Hoek y Brown
4-1	18-30			0.15			1-1.5m				100-150mm			2,3,5	C
1-0.4	1.5-4.2	<10	>0.5	0.225		1m							2	D
1-0.4	1.5-4.2	<10	>0.5	0.225		1m				50mm			2	C
1-0.4	1.5-4.2		<0.5	0.225		1m				50mm			2	C
1-0.4	3.2-7.5			0.225			1m			50-75mm			14,11,12	C
1-0.4	3.2-7.5			0.225		1m							2,10	
1-0.4	12-.18			0.225			1m		25-50m	75-100mm			2,10	C
1-0.4	6-12			0.225		1m				50-75mm			2,10	C
1-0.4	12-18			0.225			1m				300-400mm		14,11,12	E
1-0.4	6-12			0.225			1m			100-200mm			14,11,12	C
1-0.4	30-38			0.225			1m			300-400mm			2,5,6,10,13	C,F
1-0.4	20-30			0.225			1m			200-300mm			2,3,5,10,13	C
1-0.4	15-20			0.225			1m			150-200mm			1,3,10,13	C
1-0.4	15-38			0.225			1m					300mm-1m	5,9,10,12,13	
0.4-0.1	1-3.1	>5	>0.25	0.3		1m			20-30m					
0.4-0.1	1-3.1	<5	>0.25	0.3		1m				50mm				C
0.4-0.1	1-3.1		<0.25	0.3			1m			50mm				C
0.4-0.1	2.2-6	>5		0.3			1m			25-50mm			10	C
0.4-0.1	2.2-6	<5		0.3						50-75mm			10	C
0.4-0.1	2.2-6			0.3			1m			50-75mm			9,11,12	C
0.4-0.1	4-14.5	>4		0.3			1m			50-125mm			10	C

Figura 9. Tabla empírica de excavaciones de túneles y tipo de soporte a usar de Barton en base a su índice Q

Otra forma de observar estos datos es con un gráfico de múltiples ejes y variables mostrados en él, tal como se muestra en la figura a continuación:

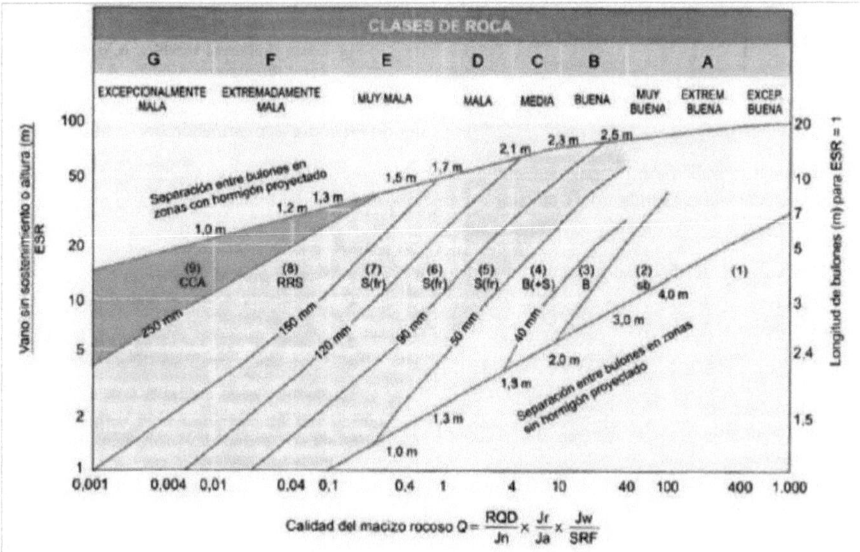

CATEGORÍAS DE SOSTENIMIENTO

1. Sin sostenimiento.
2. Bulonado puntual, sb.
3. Bulonado sistemático, B.
4. Bulonado sistemático con hormigón proyectado, 40–100 mm. B+S.
5. Hormigón proyectado con fibras, 50–90 mm y bulonado S(fr)+B.
6. Hormigón proyectado con fibras, 90–120 mm y bulonado, S(fr)+B.
7. Hormigón proyectado con fibras, 120–150 mm y bulonado, S(fr)+B.
8. Hormigón proyectado con fibras, >150 mm con bulonado y arcos armados reforzados con hormigón proyectado, S(fr)+RRS+B.
9. Revestimiento de hormigón, CCA.

presión aportada por los pernos:

$$P = \frac{2\sqrt{Jn}\cdot Q^{1/3}}{3\,Jr} \qquad L = \frac{2 + 0.15\,B}{ESR}$$

$$\text{Longitud máxima no soportada} = 2\cdot ESR\cdot Q^{0.4}$$

Figura 10. Gráfico que resume la empírica de excavaciones de túneles y tipo de soporte a usar de Barton en base a su índice Q

La carga sobre el revestimiento es la mostrada en esta figura anterior en función de los parámetros Jn, Q y Jr. Esto válido para macizos con menos de 3 fracturas, en la clave. Para macizos con igual o más de 3 fracturas la siguiente ecuación es la propuesta por Barton:

$$P_r = \frac{2}{Jr\sqrt[3]{Q}}$$

Para los hastiales, se utilizan las siguientes relaciones en base al índice Q:

$$\text{para } Q > 10 \qquad P_h = 5Q$$
$$\text{para } 0{,}1 < Q < 10 \qquad P_h = 2{,}5Q$$
$$\text{para } Q < 0{,}1 \qquad P_h = Q$$

, siendo Ph la presión o tensión horizontal.

La longitud máxima no soportada, mejor conocido como el avance del frente del túnel antes de colocar el revestimiento es el valor en función de ESR y del índice Q mostrado en la Figura 10.

Los valores del ESR se muestran a continuación

Valores del índice ESR de la Clasificación Q

	Tipo de excavación	ESR
A	Labores mineras de carácter temporal, etc.	2-5
B	Galerías mineras permanentes, túneles de centrales hidroeléctricas (excluyendo las galerías de alta presión), túneles piloto, galerías de avance en grandes excavaciones, cámaras de compensación hidroeléctrica.	1,6-2,0
C	Cavernas de almacenamiento, plantas de tratamiento de aguas, túneles de carreteras secundarias y de ferrocarril, túneles de acceso.	1,2-1,3
D	Centrales eléctricas subterráneas, túneles de carreteras primarias y de ferrocarril, refugios subterráneos para defensa civil, emboquilles e intersecciones de túneles.	0,9-1,1
E	Centrales nucleares subterráneas, estaciones de ferrocarril, instalaciones públicas y deportivas, fábricas, túneles para tuberías principales de gas.	0,5-0,8

(Barton, 2000).

Figura 11. Valores del ESR. Tomado de Vallejo (2002).

3.4.2 Métodos analíticos

Estos métodos se basan en relaciones matemáticas que, aunque no tienen una deducción a partir de algún principio físico básico, si están basadas en el ajuste estadístico de una gran cantidad de pruebas y observaciones de casos reales de forma científica.

Por consiguiente, también puede haber una gran cantidad de autores que propongan curvas que se ajusten mejor a los casos que estos hayan estudiado. Las fórmulas más conocidas y aceptadas a nivel global son las de Hoek-Brown, las cuales usan el ya mencionado índice GSI en sus cálculos.

Este método asume ciertas condiciones que deben ser siempre analizadas para entender si el método es o no aplicable a cada caso. Estas consideraciones son: el medio debe ser isotrópico y homogéneo, los esfuerzos horizontales son todos iguales, la cantidad de fracturas en el medio es considerable y por lo tanto no hay una preferencia a una dirección particular para fallar. El método no puede ser aplicado a macizos rocosos de excesiva mala calidad que se comporten similarmente a un suelo, ni tampoco a macizos rocosos de muy buena calidad en los que el número de fracturas no sea lo suficientemente alto. El método tampoco debe ser usado cuando las fracturas sean de gran tamaño, esto en relación con la oquedad que se vaya a realizar en el macizo debido al proyecto estudiado; así se puede asumir al medio como continuo.

Desde el punto de vista de las ventajas, el método ha sido el más usado y aceptado durante los últimos 30 años en la geotecnia, tiene su basamento en centenares de pruebas de laboratorio y campo en decenas de tipos de macizos rocosos y rocas intactas diferentes, tiene una no-linealidad que lo hace más representativo de la realidad del mecanismo de falla.

Ha habido varias variaciones del método inicial planteado por Hoek y Brown, algunas por estos mismos autores, y otras por varios otros autores, para ajustarlo más a la realidad. Por ejemplo, existen variaciones que toman en cuenta un verdadero comportamiento 3D tomando en cuenta el esfuerzo principal secundario diferente del terciario; este y otros ejemplos se pueden encontrar en Eberhardt (2012). A continuación, se dará una breve explicación del método en su forma más actualizada, de los autores originales.

Hoek-Brown

a) Relación de esfuerzos para obtener el esfuerzo máximo de resistencia al corte

El criterio de falla generalizado de Hoek-Brown para macizos rocosos fracturados está definido por:

$$\sigma_1' = \sigma_3' + \sigma_{ci} \times \left(m_b \times \frac{\sigma_3'}{\sigma_{ci}} + s \right)^a$$

Donde $\sigma'1$ y $\sigma'3$ son los esfuerzos efectivos principales mayor y menor respectivamente en la condición de falla, m_b es el valor de la constante **m** de Hoek-Brown para el macizo rocoso, **s** y **a** son constantes que dependen de las características del macizo rocoso y σ_{ci} es la resistencia a la compresión uniaxial de los trozos o bloques de roca intacta que conforman el macizo rocoso.

También es posible obtener los esfuerzos normales y tangenciales equivalentes a los de Mohr-Coulomb, a partir de estos esfuerzos principales de Hoek-Brown, obteniéndose la siguiente relación:

$$\tau = A \times \sigma_{ci} \times \left(\frac{\sigma_n' - \sigma_{tm}}{\sigma_{ci}} \right)^B$$

Donde A y B son constantes que dependen del material, σ'_n es el esfuerzo normal efectivo, y σ_{tm} es la "resistencia a la tracción", del macizo rocoso. Esta "resistencia a la tracción", que representa la trabazón de los bloques de roca cuando éstos no pueden dilatarse libremente, está dada por:

$$\sigma_{tm} = \frac{\sigma_{ci}}{2} \times \left(m_b - \sqrt{m_b^2 + 4s} \right)$$

Los valores de s, m y a se obtienen a partir de ecuaciones en las que se tiene de entrada la clasificación de macizos GSI.

$$a = \frac{1}{2} + \frac{1}{6}\left(e^{-GSI/15} - e^{-20/3} \right) \qquad\qquad s = \exp\left(\frac{GSI - 100}{9 - 3D} \right)$$

$$m_b = m_i \exp\left(\frac{GSI - 100}{28 - 14D} \right)$$

Para s y m_b en ambos de estos valores, cuando existe un efecto de degradación del macizo debido a la voladura generada en la excavación se incorpora una variable D en el denominador para ajustar hacia la baja la resistencia del macizo.

Para una roca intacta, básicamente de la matriz rocosa y no del macizo, el a=0.5 y s=1.

Para un macizo de un GSI menor a 25 el valor de s=0 y

$$a = 0{,}65 - \frac{GSI}{200}$$

Cuando no es posible obtener los parámetros de resistencia uniaxial y m de pruebas triaxiales, existen tablas que pueden dar valores aproximados para casos generalizados.

Estos valores y las pruebas triaxiales tienen una gran variación si existe anisotropía, ya que la resistencia cambia con el ángulo en que se realice la prueba. Sobre todo en casos de estratificación en planos deslizantes.

A continuación, se muestra una tabla de valores en la que se relacionan los índices del macizo rocoso con los parámetros de Hoek Brown mencionados anteriormente

Relaciones aproximadas entre la calidad de los macizos rocosos y los valores de las constantes *m* y *s*

Criterio de rotura empírico $$\sigma_1 = \sigma_3 + \sqrt{m\sigma_c\sigma_3 + s\sigma_c^2}$$ σ_1 y σ_3: esfuerzos principales mayor y menor. σ_c: esfuerzo compresivo uniaxial de la matriz rocosa. *m* y *s*: constantes empíricas del macizo rocoso	Constantes del material: *m* y *s*.	Rocas carbonatadas: dolomías, caliza y mármol.	Rocas arcillosas: argilitas, limolitas, lutitas y pizarras.	Rocas arenáceas: areniscas y cuarcitas.	Rocas ígneas cristalinas de grano fino: andesitas, doleritas, diabasas y riolitas.	Rocas cristalinas ígneas de grano grueso y metamórficas: anfibolitas, gabros, gneisses, granitos, noritas y cuarzodioritas.
Valores para el macizo rocoso alterado o afectado por voladoras *(disturbed)*						
Valores para el macizo rocoso sin alterar (undisturbed)						
Muestras de roca intacta Muestras de tamaño de probeta de laboratorio sin discontinuidades. RMR = 100 Q = 500	m s *m* *s*	7.0 1.0 *7,0* *1,0*	10.0 1.0 *10,0* *1,0*	15.0 1.0 *15,0* *1,0*	17.0 1.0 *17,0* *1,0*	25.0 1.0 *25,0* *1,0*
Macizo rocoso de muy buena calidad Bloque de roca sana. Juntas sin meteorizar y con espaciado de 1 a 3 m. RMR = 85 Q = 100	m s *m* *s*	2.40 0.082 *4,10* *0,189*	3.43 0.082 *5,85* *0,189*	5.14 0.082 *8,78* *0,189*	5.82 0.082 *9,95* *0,189*	8.56 0.082 *14,63* *0,189*
Macizo rocoso de calidad buena Bloques de roca sana o ligeramente meteorizada, con juntas espaciadas de 1 a 3 m. RMR = 65 Q = 10	m s *m* *s*	0.575 0.00293 *2,006* *0,0205*	0.821 0.00293 *2,865* *0,0205*	1.231 0.00293 *4,298* *0,0205*	1.395 0.00293 *4,871* *0,0205*	2.052 0.00293 *7,163* *0,0205*
Macizo rocoso de calidad media Varias familias de discontinuidades moderadamente meteorizadas con espaciados de 0.3 a 1 m. RMR = 44 Q = 1	m s *m* *s*	0.128 0.00009 *0,947* *0,00198*	0.183 0.00009 *1,353* *0,00198*	0.275 0.00009 *2,030* *0,00198*	0.311 0.00009 *2,301* *0,00198*	0.458 0.00009 *3,383* *0,00198*
Macizo rocoso de calidad mala Numerosas juntas meteorizadas con algo de relleno. Brechas compactas sin rellenos. Espaciado de 0.03 a 0.5 m. RMR = 23 Q = 0.1	m s *m* *s*	0.029 0.000003 *0,447* *0,00019*	0.041 0.000003 *0,639* *0,00019*	0.061 0.000003 *0,959* *0,00019*	0.069 0.000003 *1,087* *0,00019*	0.102 0.000003 *1,598* *0,00019*
Macizo rocoso de calidad muy mala Numerosas juntas intensamente meteorizadas con rellenos. Espaciado < 0.05 m. Brechas con rellenos arcillosos. RMR = 3 Q = 0.01	m s *m* *s*	0.007 0.0000001 *0,219* *0,00002*	0.010 0.0000001 *0,313* *0,00002*	0.015 0.0000001 *0,469* *0,00002*	0.017 0.0000001 *0,532* *0,00002*	0.025 0.0000001 *0,782* *0,00002*

Hoek y Brown, 1988.

Figura 12. Relación entre Índices de Macizo Rocoso y parámetros de Hoek-Brown. Tomado de Vallejo (2002).

Se puede ver como a medida decae la calidad del macizo rocoso, también lo hace el valor de las constantes m y s.

Una vez obtenidos los esfuerzos cortantes y normales, se puede calcular una relación de ángulo de fricción y de la cohesión equivalentes del macizo rocoso, al igual que en el caso Mohr-Coulomb. Por supuesto, la diferencia entre una relación lineal y una no lineal de ambos modelos es importante, sobre todo en los valores cortos de esfuerzo de confinamiento o esfuerzo principal menor. En esta etapa de la curva de esfuerzos, el modelo Hoek-Brown es bastante curvo a diferencia de la linealidad de Mohr-Coulomb.

Existen mecanismos más sencillos de obtener un equivalente de Mohr-Coulomb de una relación Hoek-Brown, la cual es simplemente linealizándola matemáticamente, ajustándole una recta que equivalga a la curva con el menor error posible. Existen varias formas de realizar esto, entre ellas el método de la tangente, de la secante, de áreas equiparables y la regresión lineal. Las primeras tres son gráficas (aunque se pueden realizar matemáticamente también) y la última mencionada parte de una cantidad mínima de puntos para realizar la regresión, se estima que 8 puntos tienden a ser la cantidad óptima.

La siguiente gráfica de Hoek, muestra la curva del modelo Hoek-Brown, una linealización de esta curva por regresión lineal y la recta obtenida por medio de las ecuaciones planteadas por Hoek-Brown con las que se obtienen valores de esfuerzos normales y tangenciales equivalentes a los de Mohr-Coulomb por medio de esfuerzos principales de Hoek-Brown.

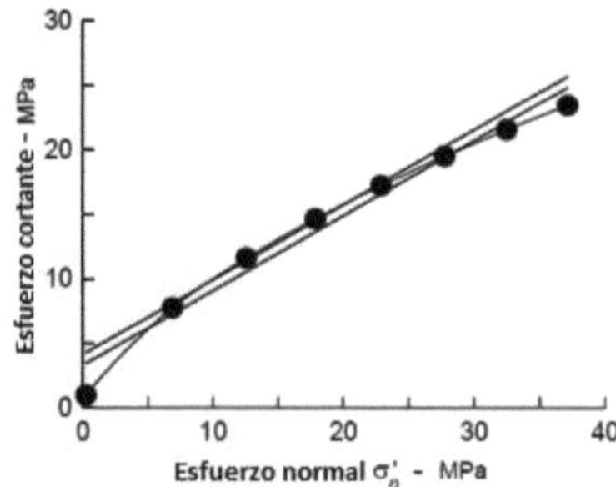

Figura 13. Curvas de Hoek-Brown, su linealización, y Mohr-Coulomb.

Se observa como los errores son máximos en los extremos de la curva y mínimos en el área central.

Existen otras aproximaciones, como aquellas que dan como resultado un ángulo de fricción y una cohesión directamente del RMR de Bienawski. Por ejemplo:

C = 5*RMR

Angulo de fricción interna (grados) = 5 + RMR/2

Aproximaciones más exactas a las anteriores, las cuales dedujo Hoek, se muestran a continuación:

$$\phi' = \sin^{-1}\left[\frac{6\,am_b\left(s + m_b\sigma'_{3n}\right)^{a-1}}{2(1+a)(2+a) + 6\,am_b\left(s + m_b\sigma'_{3n}\right)^{a-1}}\right]$$

$$c' = \frac{\sigma_{ci}\left[(1+2a)s + (1-a)m_b\sigma'_{3n}\right]\left(s + m_b\sigma'_{3n}\right)^{a-1}}{(1+a)(2+a)\sqrt{1 + \frac{6\,am_b\left(s+m_b\sigma'_{3n}\right)^{a-1}}{(1+a)(2+a)}}} \qquad \text{siendo } \sigma'_{3n} = \sigma'_{3max}/\sigma_{ci}$$

b) Deformación

Por métodos empíricos se han logrado obtener el módulo de elasticidad de un macizo rocoso a través del índice RMR, esto por medio varios autores que se han dedicado a realizar las series de pruebas, generar las correlaciones necesarias y finalmente establecer las ecuaciones para esto, que tienen un buen nivel de ajuste.

A continuación se muestra una tabla resumen de las fórmulas más comunes, obtenida de Vallejo et al. (2002).

Criterios empíricos para la estimación del módulo de deformación en macizos rocosos

Criterio	Aplicación	
$E = 2\,RMR - 100$ (GPa) (Bieniawski, 1978).	— Macizos rocosos de buena calidad, $RMR > 50\text{-}55$. — No válido para macizos de baja calidad.	— No tienen en cuenta los datos de laboratorio.
$E = 10^{(RMR-10)/40}$ (GPa) (Serafim y Pereira, 1983).	— Macizos rocosos de calidad media-baja, $10 < RMR < 50$. — Especialmente válido para valores $1 < E < 10$ GPa. — Para macizos rocosos de calidad baja-muy baja se obtienen valores demasiado altos.	— E no es función del valor de σ_{ci} ni de E_i.
$E = \sqrt{(\sigma_{ci}/100)}\,10^{(GSI-10)/40}$ (σ_{ci} en MPa; E en GPa) (Hoek, 1995).	— Indicado para macizos rocosos débiles o blandos, con calidad baja-muy baja y matriz rocosa con $\sigma_{ci} < 100$ MPa.	— E es función del valor de σ_{ci}.
E = Módulo de deformación empírico del macizo rocoso. E_i = Módulo de deformación de laboratorio de la matriz rocosa. GSI = Índice geológico de resistencia (*geological strength index*). σ_{ci} = Resistencia a compresión simple de la roca intacta.		
— Correlaciones no suficientemente contrastadas hasta la actualidad. — Los criterios aportan valores poco precisos, con carácter orientativo. — Por lo general sobrevaloran el valor del módulo de deformación del macizo rocoso. — No consideran el carácter anisótropo que puede presentar el módulo de deformación *in situ*. — Se recomienda tomar un rango de valores para el macizo rocoso entre $0,4E$ y $1,6E$.		

Figura 14. Módulos de deformación en base a Índices de Macizos Rocosos. Tomado de Vallejo (2002).

A partir de esta tabla y sus fórmulas se pueden asociar ciertas correlaciones, dependiendo del valor de RMR obtenido para cada macizo en cuestión.

Nicholson y Bieniawsky (1990) desarrollan la siguiente ecuación en la cual toman en cuenta no solo en valor del RMR sino también el de módulo de Young de la roca intacta Ei, para así obtener Em que es el módulo de deformación del macizo rocoso.

$$\frac{E_m}{E_i} = \frac{1}{100} \bullet \left(0.0028 \bullet RMR^2 + 0.9^{\frac{RMR}{22,82}} \right)$$

Para estimar el valor de Em del macizo rocoso Hoek y Diederichs (2006) plantean esta fórmula a partir del Ei, el GSI y el parámetro D.

$$E_m = E_i \left(0{,}02 + \frac{1 - D/2}{1 + e^{((60 + 15D - GSI)/11)}} \right)$$

Galera, Álvarez y Bieniawsky y (2005) mencionan que la correlación con la Q de Barton que mejor se ajusta a la mayor cantidad de casos es E(GPa) = 25 Log (Q) aunque para algunos otros proyectos E(GPa) = 10 Log (Q) se ajusta mejor.

Si en cambio se parte del valor del módulo de Young de las pruebas de laboratorio únicamente, esto es, sin tomar en cuenta índice de clasificación de macizos rocosos alguno, entonces Bieniawsky recomienda que el valor del módulo de deformación del macizo será entre 0.2 y 0.6 veces el de la matriz rocosa obtenida a través de las pruebas de laboratorio.

Otros autores también tienen sus propias conclusiones al respecto, y también algunos parten del módulo de Young dinámico obtenido por medio de las pruebas geofísicas, tal es el caso de Coon y Merit como se muestra en la siguiente tabla.

Factor de reducción E/E_i y relaciones con otros parámetros

E/E_i	E/E_i y RQD	E/E_i y velocidad de ondas sísmicas
$E = E_i/2{,}5$ (Heuze, 1980). $E = 0{,}2$ a $0{,}6\,E_i$, según la calidad de la roca (Bieniawski, 1984). $E = jE_i$ (j = espaciado medio de discontinuidades) (Kulhawy y Goodman, 1980).	Correlación aceptable para macizos rocosos de buena calidad (Coon y Merritt, 1970). E/E_i y E son función de: — RQD, orientación y espaciado de las discontinuidades (Priest y Hudson, 1976). — Propiedades de las discontinuidades y su rigidez.	E/E_i y (V_{rf}/V_L): resultados no representativos; mala correlación para macizos rocosos de buena calidad (Coon y Merritt, 1970). Existe correlación entre el cociente E_d/E y la longitud de las ondas S. Correlación entre E y la frecuencia f de las ondas S: $E = 0{,}054f - 9{,}2$ (Schneider, 1967; Bieniawski, 1984). $E_d > E$ en rocas fracturadas. $E_d/E \leqslant 13$.

E = Módulo de deformación *in situ* del macizo rocoso.
E_i = Módulo de deformación de la matriz rocosa medido en laboratorio.
E_d = Módulo de deformación dinámico del macizo rocoso.
V_{rf}/V_L = Índice de velocidad relativa (relación entre la velocidad de las ondas longitudinales medida en campo y en laboratorio).
V_F varía con el tipo de roca, grado de meteorización, intensidad de fracturación, estado de esfuerzos *in situ* y condiciones hidrológicas.

Figura 15. Factor de reducción de Modulo de Young para obtener el Módulo de deformación del macizo rocoso. Tomado de Vallejo (2002).

Hoek también propone una estimación del módulo de deformación de un macizo, en base a una formula previamente desarrollada por Serafim & Pereira (mostrada en la tabla de Vallejo y ampliada a continuación para mejor comprensión).

$$E_m\left(GPa\right) = \sqrt{\frac{\sigma_{ci}}{100}} \times 10^{\left(\frac{GSI-10}{40}\right)}$$

En esta fórmula la resistencia uniaxial a la compresión es la misma que es usada en las fórmulas de las relaciones de esfuerzos, al igual que el uso del GSI.

Hoek luego además clasifica los macizos en buenos, medios o malos según su calidad GSI, y establece para ellos una clasificación de comportamientos en elastofrágiles o elastoplásticos según sea el caso.

En la siguiente imagen se muestra una tabla de valores de la constante m_i de las ecuaciones de Hoek-Brown, para las rocas (matriz) más comunes.

Rock type	Class	Group	Texture			
			Coarse	Medium	Fine	Very fine
SEDIMENTARY	Clastic		Conglomerates* (21 ± 3) Breccias (19 ± 5)	Sandstones 17 ± 4	Siltstones 7 ± 2 Greywackes (18 ± 3)	Claystones 4 ± 2 Shales (6 ± 2) Marls (7 ± 2)
	Non-Clastic	Carbonates	Crystalline Limestone (12 ± 3)	Sparitic Limestones (10 ± 2)	Micritic Limestones (9 ± 2)	Dolomites (9 ± 3)
		Evaporites		Gypsum 8 ± 2	Anhydrite 12 ± 2	
		Organic				Chalk 7 ± 2
METAMORPHIC	Non Foliated		Marble 9 ± 3	Hornfels (19 ± 4) Metasandstone (19 ± 3)	Quartzites 20 ± 3	
	Slightly foliated		Migmatite (29 ± 3)	Amphibolites 26 ± 6		
	Foliated**		Gneiss 28 ± 5	Schists 12 ± 3	Phyllites (7 ± 3)	Slates 7 ± 4
IGNEOUS	Plutonic	Light	Granite 32 ± 3 Diorite 25 ± 5 Granodiorite (29 ± 3)			
		Dark	Gabbro 27 ± 3 Norite 20 ± 5	Dolerite (16 ± 5)		
	Hypabyssal		Porphyries (20 ± 5)		Diabase (15 ± 5)	Peridotite (25 ± 5)
	Volcanic	Lava		Rhyolite (25 ± 5) Andesite 25 ± 5	Dacite (25 ± 3) Basalt (25 ± 5)	Obsidian (19 ± 3)
		Pyroclastic	Agglomerate (19 ± 3)	Breccia (19 ± 5)	Tuff (13 ± 5)	

Figura 166. Parámetro mi en diferentes litologías.

Finalmente, Hoek obtuvo las ecuaciones para obtener la curva característica, que no son más que las ecuaciones que relacionan la presión efectiva del macizo y la de poro, con las deformaciones que ocurrirán en dicho macizo y los radios para los cuales estas deformaciones serán plásticas y a partir del cual serán elásticas. Todo esto por supuesto contando previamente con el módulo de deformación del macizo.

Estas ecuaciones son las siguientes:

La deformación elástica Uie se calcula de la siguiente forma, en la cual v es el módulo de Poisson, p_o la presión de poro, p_i la presión efectiva en el macizo y r_0 el radio de la oquedad o túnel.

$$u_{ie} = \frac{r_o(1+v)}{E_m}(p_o - p_i)$$

Si la presión pi es mayor a la presión crítica que el macizo es capaz de soportar, siendo esta presión crítica p_{cr}:

$$p_{cr} = \frac{2p_o - \sigma_{cm}}{1+k}$$

Entonces se calcula la deformación y el radio donde el macizo se comportará plásticamente:

$$u_{ip} = \frac{r_o(1+v)}{E}\left[2(1-v)(p_o - p_{cr})\left(\frac{r_p}{r_o}\right)^2 - (1-2v)(p_o - p_i) \right]$$

$$r_p = r_o\left[\frac{2(p_o(k-1)+\sigma_{cm})}{(1+k)((k-1)p_i + \sigma_{cm})} \right]^{\frac{1}{(k-1)}}$$

Siendo U_{ip} la deformación plástica y r_p el radio de plastificación. K y σ_{cm} son función únicamente del ángulo de fricción interna y de la cohesión (calculadas a través de las expresiones de Hoek para ellas), de la siguiente forma:

$$k = \frac{(1+\sin\phi')}{(1-\sin\phi')} \qquad \sigma_{cm} = \frac{2c'\cos\phi'}{(1-\sin\phi')}$$

Cuando se grafican la presión interna efectiva p_i contra la deformación, tanto elástica como la plástica, se obtiene lo que se conoce como la curva característica. Es a través de esta curva que se puede entonces suponer cierto tipo de soporte y cuanta máxima deformación previa a la colocación de este soporte es recomendable tener, tras lo cual se puede calcular el tiempo en días de obra que la sección del túnel puede permanecer sin soporte hasta que el frente avance lo calculado.

Un ejemplo se muestra en la siguiente figura:

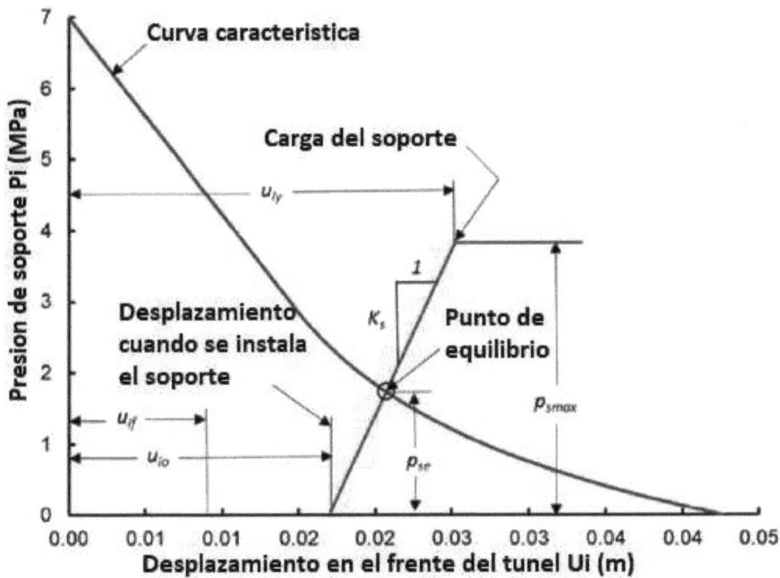

Figura 177. Curva característica

En donde la curva azul muestra la curva característica y la curva roja el soporte.

Pudiéndose entonces calcular y graficar la deformación de una sección cualquiera del túnel en función del avance del frente de obra, dando esta una forma de doble asíntota.

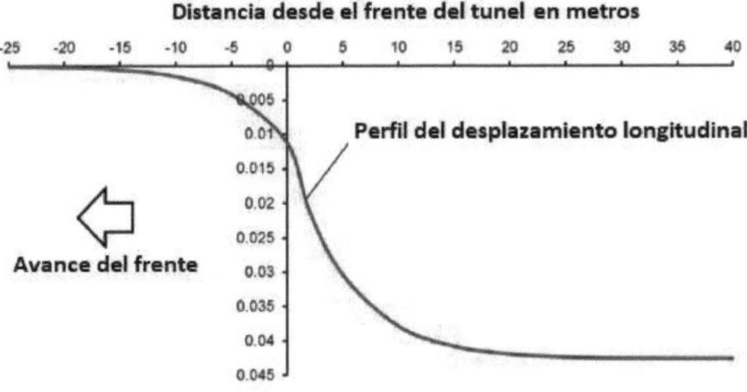

Figura 188. Curva de deformaciones acumuladas

Todo este análisis de la curva característica, sus ecuaciones y gráficas, fueron generadas en base a secciones circulares de túneles.

Estos análisis arriba descritos, son estipulados y calculados para un funcionamiento del macizo rocoso en el corto plazo. Si se quiere evaluar cómo se comportará a través de los años en el largo plazo el macizo rocoso (sin revestimiento), Stini y Lauffer en 1974 presentaron la siguiente gráfica después de realizar pruebas y estudios de casos.

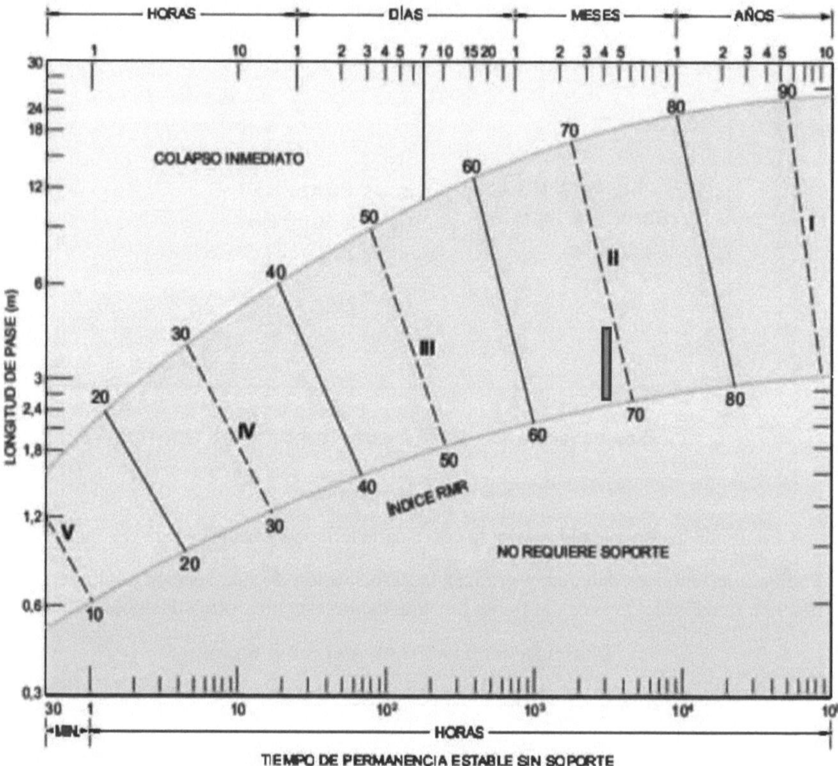

Figura 199. Gráfica de tiempo de sostén sin revestimiento dependiendo del macizo y su calidad. Tomado de Vallejo (2002).

Los macizos tipo I son los mejores en esta gráfica, los macizos tipos V son los peores, y el tiempo es aquel en el que el túnel puede permanecer abierto sin tener problemas plásticos o de rotura graves.

3.4.5. Otros autores y ecuaciones para el cálculo de esfuerzos y deformaciones en un macizo rocoso

A pesar de que Hoek-Brown es el sistema más usado para el cálculo de los esfuerzos cortantes y las deformaciones, y éste es implementado en los programas computacionales, ha habido intentos de otros autores de generar ecuaciones que a modo de ver de estos pueden dan valores más exactos de los esfuerzos de un macizo rocoso.

Tal es el caso del Ph.D Roberto Ucar, que plantea un criterio de rotura que parte de lo desarrollado por Murrel y posteriormente por Bieniawski, siendo el aporte de Ucar la obtención del esfuerzo cortante a partir de lo anterior.

Después de un considerable trabajo matemático en lo que no se ahondará en este trabajo, Ucar llega a la siguiente ecuación:

$$\left(\frac{\tau_\alpha}{\sigma_c}\right)=\frac{1}{K_1}\left[\left(\frac{\sigma_\alpha}{\sigma_c}\right)\sec\beta-\left(K_1\frac{\sigma_\alpha}{\sigma_c}-K_2\right)\tan\left(\frac{\pi}{4}-\frac{\beta}{2}\right)\right]$$

En la cual σ_c es la resistencia a la compresión simple, σ_α es el esfuerzo normal al plano de rotura, K1 y K2 son constantes que dependen de la litología presente en el macizo rocoso y β es el ángulo de inclinación de la envolvente de falla lo cual es lo mismo que el ángulo de fricción interna, pero instantáneo. Despejando τ_α de la ecuación se obtiene la resistencia al cortante.

Otro método que es relevante que sea mencionado es el mecanismo de rotura de Drucker-Prager que está expresado en función de un tensor de tensiones I_1 y de un tensor de tensiones desviadoras J_2.

$$F(I_1,J_2,\eta)=\sqrt{J_2}-q_\varphi\frac{I_1}{3}-k_\varphi \qquad \begin{cases} J_2=\dfrac{1}{2}(s_1+s_2+s_3) \\[2mm] I_1=\sigma_1+\sigma_2+\sigma_3 \end{cases}$$

En donde $s_i=\sigma_i-\dfrac{1}{3}(\sigma_1+\sigma_2+\sigma_3)$, siendo $\sigma1$, $\sigma2$, $\sigma3$ los esfuerzos principales.

Este es un método muy complejo desde el punto de vista matemático, que no es usado computacionalmente, pero que si es posible igualmente obtener de él un ángulo de fricción interna y una cohesión equivalentes.

In situ

La medición in situ del módulo de deformación de un macizo rocoso se puede hacer mediante la prueba de placa, y así no tener que usar estimaciones y fórmulas con niveles considerables de errores, dependiendo del caso al cual se le aplique la correlación o fórmula.

La prueba de carga con placa es un ensayo geotécnico realizado in situ para determinar las propiedades de deformabilidad y de resistencia al esfuerzo cortante, evaluando la relación entre una presión aplicada por una placa de acero rígida y su penetración en el suelo o enrocamiento, en función del tiempo. El empleo de esta prueba sirve para establecer los parámetros de deformabilidad, estimar la capacidad de carga última y la resistencia al esfuerzo cortante de los geomateriales debajo de la placa, únicamente donde esta tiene influencia

Esta prueba puede ser llevada a cabo en la superficie del suelo o terraplén, en el fondo de un foso, una zanja o un pozo a cielo abierto. La prueba de placa es aplicable en casi todos los suelos, rocas, enrocamientos y rellenos. Esta prueba solo da información del suelo a una profundidad de no más de tres veces el diámetro de la placa y únicamente toma en cuenta parte de la influencia del tiempo. Por esto último, la prueba no es recomendable en arcillas y limos blandos.

La carga a la masa de suelo se aplica con un sistema de gatos hidráulicos, los cuales reaccionan con una viga sujeta a un sistema de anclaje, o un peso muerto. Esta prueba también puede ejecutarse horizontalmente, siempre que se cuente con la reacción necesaria para aplicar la carga.

Una vez calculados los esfuerzos y deformaciones que presentará el macizo rocoso en el transcurso de la obra (por las ecuaciones que fuere) se deberán elegir los mecanismos de soporte y sus elementos mecánicos para que estas deformaciones no sobrepasen los límites de seguridad y practicidad que deba tener la obra. Estos mecanismos de soporte pueden ser el concreto lanzado, concreto armado, marcos metálicos y anclas tanto pasivas como activas.

La modelización de este proceso se lleva a cabo en programas computarizados especializados, tal como Unwedge y RocSupport de Rocscience. Otros programas como los de elementos finitos simulan a través de condiciones de borde el estado de esfuerzo y deformaciones de los macizos y el túnel.

A continuación se muestran las características de capacidad de carga por tipo de soporte y las variaciones de elementos mecánicos que estos pueden tener en rasgos generales.

Concrete or shotcrete lining	1m	28	35	20	$P_{i\,max} = 57.8D^{-0.92}$
	300	28	35	21	$P_{i\,max} = 19.1D^{-0.92}$
	150	28	35	22	$P_{i\,max} = 10.6D^{-0.97}$
	100	28	35	23	$P_{i\,max} = 7.3D^{-0.98}$
	50	28	35	24	$P_{i\,max} = 3.8D^{-0.99}$
	50	3	11	25	$P_{i\,max} = 1.1D^{-0.97}$
	50	0.5	6	26	$P_{i\,max} = 0.6D^{-1.0}$

Support type	Flange width - mm	Section depth - mm	Weight – kg/m	Curve number	Maximum support pressure p_{imax} (MPa) for a tunnel of diameter D (metres) and a set spacing of s (metres)
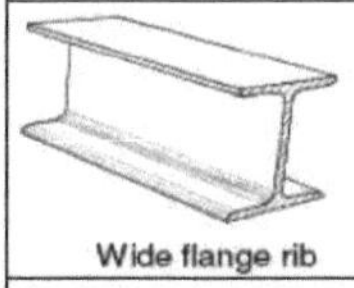 Wide flange rib	305	305	97	1	$p_{i\,\max} = 19.9D^{-1.23}/s$
	203	203	67	2	$p_{i\,\max} = 13.2D^{-1.3}/s$
	150	150	32	3	$p_{i\,\max} = 7.0D^{-1.4}/s$
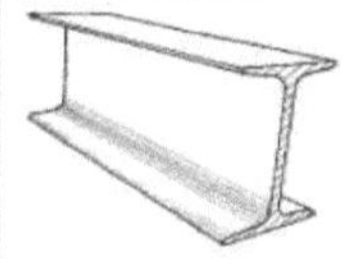 I section rib	203	254	82	4	$p_{i\,\max} = 17.6D^{-1.29}/s$
	152	203	52	5	$p_{i\,\max} = 11.1D^{-1.33}/s$
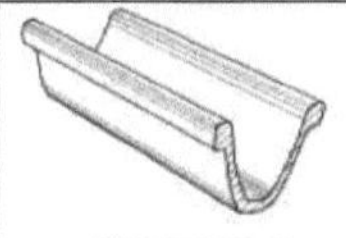 TH section rib	171	138	38	6	$p_{i\,\max} = 15.5D^{-1.24}/s$
	124	108	21	7	$p_{i\,\max} = 8.8D^{-1.27}/s$
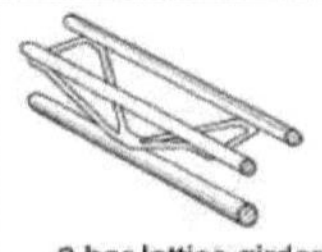 3 bar lattice girder	220	190	19	8	$p_{i\,\max} = 8.6D^{-1.03}/s$
	140	130	18		

Figura 20. Concreto, Marcos rígidos, curvos y barras. Siendo D el diámetro del túnel.

	Support type	Curve number	Maximum support pressure
 Rockbolts or cables spaced on a grid of s x s metres	34 mm rockbolt	10	$p_{i\,\max} = 0.354/s^2$
	25 mm rockbolt	11	$p_{i\,\max} = 0.267/s^2$
	19 mm rockbolt	12	$p_{i\,\max} = 0.184/s^2$
	17 mm rockbolt	13	$p_{i\,\max} = 0.10/s^2$
	SS39 Split set	14	$p_{i\,\max} = 0.05/s^2$
	EXX Swellex	15	$p_{i\,\max} = 0.11/s^2$
	20mm rebar	16	$p_{i\,\max} = 0.17/s^2$
	22mm fibreglass	17	$p_{i\,\max} = 0.26/s^2$
	Plain cable	18	$p_{i\,\max} = 0.15/s^2$
	Birdcage cable	19	$p_{i\,\max} = 0.30/s^2$

Figura 21. Anclas. Siendo s el espaciado en el mallado de anclas.

4. Antecedentes

Se analizaron varios casos de túneles construidos previamente a la fecha de este trabajo, tanto su diseño, la calidad de la roca, los problemas encontrados en estos proyectos y el comportamiento observado de la obra una vez construida.

Entre estos están, el túnel de desfogue en la presa La Yesca en México, túnel Yacambu-Quibor en Venezuela, el Evinos-Mornos en Grecia, el Macro-Túnel de Acapulco, el Gotthard Base de Suiza, el túnel del canal Ingles que conecta Francia e Inglaterra subacuáticamente, el Tokyo Bay Aqua-Line de Japón, el túnel Eisenhower en Colorado EE. UU, el Maxitunel interurbano de Acapulco México y el túnel Boquerón 1 en Venezuela.

Los primeros 4 de la lista se abordarán en detalle a continuación. Los otros 6 simplemente se describirán en sus rasgos relevantes y llamativos.

4.1 Túnel de desfogue de la presa la Yesca

La presa la Yesca es una obra de gran envergadura, con una capacidad de producir una potencia de 750MW y una pared de 205.5 metros de altura. La Yesca, se localiza en las coordenadas geográficas 21°11'49" de latitud Norte y 104°06'21" de longitud Oeste. Esta obra implicó la construcción de túneles de desvío, túneles de toma y de desfogue. Se va a analizar específicamente el túnel de desfogue.

Este túnel tiene forma de herradura a pesar de ser hidráulico. Es por donde sale el agua después de mover a las turbinas en la casa de máquinas.

Figura 22. Túnel de desfogue de la presa La Yesca en proceso de construcción.

Como se puede apreciar en la foto superior, este túnel requirió de concreto lanzado con mallado de acero y un encofrado de concreto con marcos de acero.

Tal como mencionan Padua-Fernández & Rivera-Constantino (2011) el túnel tiene una longitud de 326 m y su sección transversal es tipo portal de 13 m ancho por 14 m de alto, en su sección constante, hasta desembocar en el río Santiago aguas abajo de la cortina y en la salida de la galería de oscilación tiene 21 m de alto. Está diseñado para trabajar como canal y como conducto a presión, descargando hasta 503 m^3/s.

El túnel de desfogue está dentro de un macizo rocoso en rocas ígneas del tipo ignimbrita. A lo largo de su tramo está cortado por varias fallas escalonadas. Estas fallas tienen ángulos de fricción entre 26 y 35 grados y cohesiones de 0.01-0.04MPa, con rumbos y buzamientos variados.

Este macizo rocoso tiene una resistencia a la compresión simple de 77MPa, una relación de Poisson de 0.2 un peso volumétrico de 2.4gr/cm3 y un módulo de elasticidad de 6600MPa.

Para el análisis del soporte y la carga se analizó por varios métodos, entre ellos, el de Terzaghi para obtener una carga y una altura de relajación. Este mismo método se puede también realizar pero con fórmulas ajustadas a la Q de Barton y otros criterios que se resumen en la siguiente tabla de Padua-Fernández et. al (2011).

Criterio	Carga de Roca Hp (m)
Terzaghi	14,40
Bieniawski (RMR)	5,90
Barton	11,20
Arqueo	9,53

Figura 23. Tabla de valores de carga de roca por el método de Terzaghi para el túnel de desfogue de la presa La Yesca

También se obtuvo el soporte por el método de Hoek-Brown la siguiente curva característica:

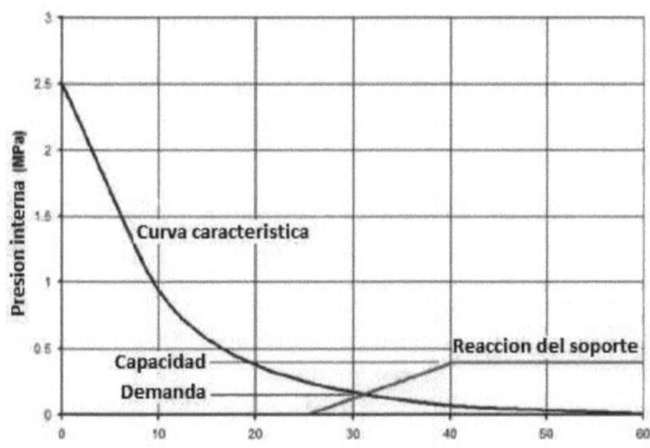

Figura 24. Curva característica y de soporte para el túnel de desfogue de la presa La Yesca

A estos métodos también se les agregó presión hidrostática a diferentes valores para observar su comportamiento.

Por último, se realizó un modelado numérico para comparar estos resultados con los analíticos. Para este modelado se generó un mallado con propiedades elásticas y deformabilidad plana, con condiciones iniciales geo-estáticas y se modelaron las contra-presiones que los diferentes elementos mecánicos de soporte generarían, obteniéndose cubos como el siguiente:

Figura 25. Modelado por diferencias finitas para el túnel de desfogue de la presa La Yesca

También en el estudio de este túnel se hicieron análisis de cunas debido a las fracturas y fallas que atraviesa el tramo.

En cuanto a los mecanismos de soporte empleados en esta obra se tiene que para la Galería de oscilación, Padua et al. (2011) exponen que se usaron puntales horizontales o troqueles para contener las cuñas para así transferir el empuje de la cuña hacia la pared que se encuentra aguas debajo de ella, donde la roca es de mejor calidad y no tiene problemas de cuñas. Estos 26 puntales los plantea de concreto, entre los pilares y el muro de la galería de oscilación.

Mientras tanto en la Galería de Oscilación se colocaron anclas de fricción y el acero de refuerzo para los muros en la cara aguas abajo y los pilares en la cara aguas arriba

Los análisis estructurales realizados mediante la modelación concluyeron que la deformación máxima se encuentra dentro del orden de 0.0065m en dirección vertical (z) y 0.0031m en dirección horizontal (x) medido en el centro del puntal, en cuanto elementos mecánicos se tienen momentos inferiores a 290 kN-m y cortante inferiores a 160 kN-m. Los esfuerzos en las placas, ménsulas y cartabones fueron inferiores a 147.01 MPa, las deformaciones en las ménsulas fueron similares a los valores de deformación del primer modelo. La obra se instrumentó en su construcción para evaluar las deformaciones.

Para el túnel central de desfogue se colocaron anclas y concreto lanzado. En aquellas zonas que lo requirieron, se colocaron marcos metálicos empacados con concreto hidráulico en una etapa posterior a la colocación del concreto lanzado. Una vez excavado el centro de la media sección se prosiguió con la excavación del estribo izquierdo, estabilizando las paredes mediante anclaje, concreto lanzado, y ademes metálicos empacados con concreto hidráulico. En el caso del revestimiento definitivo se colocó el acero de refuerzo en bóveda y paredes del túnel.

4.2 Túnel Yacambú-Quibor

Este es un túnel ubicado en el estado Lara de Venezuela, comenzado en 1976 y que se topó con una gran cantidad de obstáculos, algunos muy pertinentes a este trabajo. La obra llego al punto final en el año 2008.

El túnel tiene la funcionalidad de traspasar agua de un embalse en zonas lluviosas de los andes venezolanos, a zonas menos húmedas pero con una muy alta capacidad de sembradío en las faldas de este cinturón orogénico llegando al llano (planicie) venezolano y que cuenta con una extensa zona de riego por agricultura y su ciudad principal de dicho estado, Barquisimeto.

El túnel parte de una presa con una pared de 162 metros de altura, tiene 5 metros de diámetro externo y 4 metros de diámetro interno, de sección circular y una longitud de 24.3 kilómetros. La litología excavada es de filitas con sílice y grafito y lo bastante particular de esta obra es que tiene tramos a grandes profundidades que alcanzan los 1270 metros de macizos rocosos inmersos en la cadena montañosa de los andes. La obra fue parada en varias ocasiones debido a que esta gran presión en macizos de roca que tienden a plastificarse en vez de fallar frágilmente generó constantemente que el túnel se cerrara en diámetro y se deformará y en algunos casos colapsará en tramos. Se probaron a lo largo de los años y los diferentes avances de a poco en la obra, todos los métodos de excavación existentes, desde el uso de una TBM, el uso de explosivos en excavación convencional, hasta la excavación manual.

Tal como mencionan Hoek & Guevara (2009) este túnel atraviesa la falla de Boconó, la cual es la principal falla andina y más grande de Venezuela, con sismos históricos que superan en magnitud los 8Mw, tal como el de 1812.

Previo a la construcción solo se pudieron realizar 3 sondeos para obtención de muestras con un máximo de 300 metros de profundidad, lo cual implicó tener que conocer la litología a excavar en su mayor parte, a medida se avanzaba en la construcción del túnel y no antes de ella.

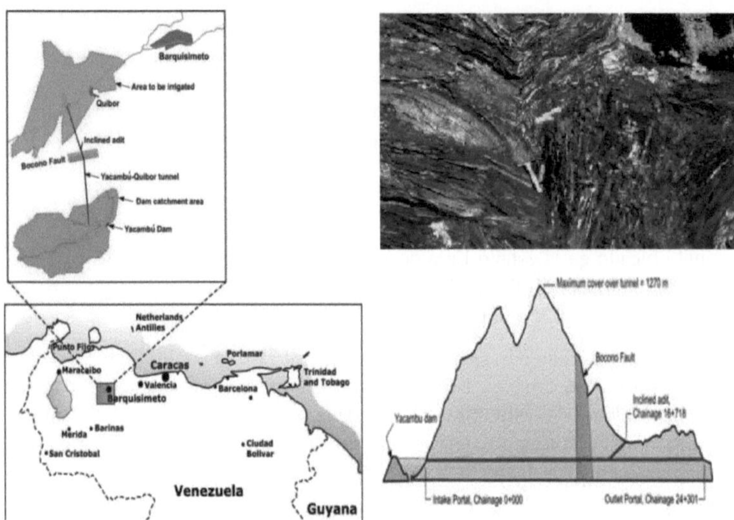

Figura 26. Ubicación del Túnel Yacambu-Quibor en Venezuela (izquierda), tipo de roca presente en el lugar (derecha superior) y perfil del túnel en relación a la falla más importante en la zona (derecha inferior).

Los valores de GSI fueron bastante variable a lo largo del tramo, desde valores de 20 hasta valores de 75. Los mecanismos de soporte y hasta la misma forma del túnel fue cambiado a lo largo de la obra, teniendo tramos que fueron excavados inicialmente en forma de herradura que tuvieron que encajar con tramos de secciones circulares y teniendo diferentes grosores de soporte de concreto así como variabilidad en los soportes secundarios. Este cambio también fue debido a que a lo largo de la obra se puede evidenciar el cambio tecnológico y técnico en la geotecnia enfocada en túneles. A comienzos de la obra el método usado para el análisis de deformabilidad fue el de Terzaghi y esto cambio a lo largo de los 32 años que duró la obra, usándose al final el de Hoek-Brown.

Valores de entrada para este análisis como lo es la resistencia a la compresión simple de la roca intacta, tuvieron variabilidades desde los 15MPa a los 100MPa, teniendo variabilidades muy altas debido a la esquistosidad, anisotropía y ángulo de inclinación.

Mayor variabilidad hubo en el módulo de deformación elástica con valores a lo largo del rango 928-45000 MPa. En general, todos los parámetros involucrados en los cálculos a realizar tuvieron que ser analizados en secciones cortas, tramo por tramo, debido a la alta variabilidad de condiciones geotécnicas.

Esto se puede verificar en la siguiente graficas de Hoek y Guevara (2009), que muestran la deformación porcentual (gráfico superior), la variación de la zona plástica (gráfico intermedio) y las zonas más problemáticas (gráfico inferior) a lo largo del encadenamiento del túnel y en relación a la cantidad de material sobre él a lo largo de este.

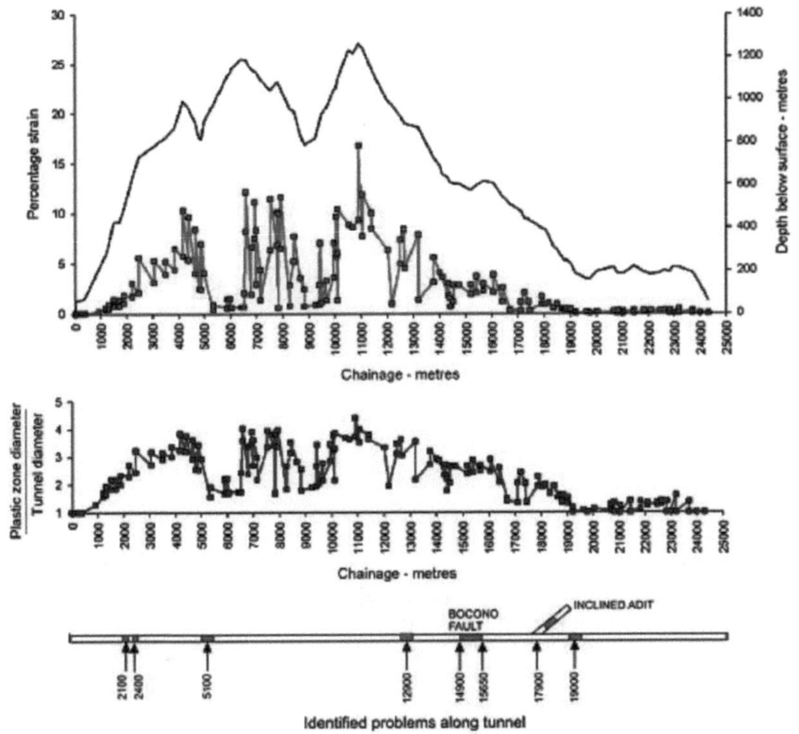

Figura 27. Gráficos de deformación porcentual (superior), variación de la zona plástica (intermedio) y las zonas más problemáticas (inferior) a lo largo del encadenamiento del túnel.

Es relevante observar en el grafico intermedio que las zonas plásticas llegaron a tener radios mayores a 4 veces el radio del túnel, siendo este de 5 metros, por ende las zonas plásticas tuvieron valores de radios máximos superiores a los 20 metros. Y las deformaciones llegaron a ser mayores al 15% (convergencia). Estos valores por supuesto, previos a colocar los soportes adecuados el cual mayormente se basó en concreto con un espesor de entre 0.5-1 metros, y en algunas zonas con refuerzos de mallado metálico y marcos de acero circulares. Debido a lo débil de la roca circundante al túnel, la colocación de anclas no hubiese sido una solución adecuada y por ende no se colocaron. Gran parte del análisis en la última década de construcción de este túnel se hizo con el programa Phase2 de Rocscience utilizando modelos de diferencias finitas.

El túnel tuvo extensómetros colocados en funcionamiento a lo largo de toda a construcción de él, para así poder generar una retro-alimentación del comportamiento que las secciones construidas iban teniendo y esto pudo avisar a tiempo sobre secciones que al cabo de un par de años de construidas, fallaron desde el punto de vista de máxima deformación aceptada y fueron reconstruidas con mayor soporte.

4.3 Túnel hidráulico Evinos-Mornos, Grecia

El proyecto para proveer de agua a Atenas, Grecia desde la presa de Mornos a 14 kilómetros de distancia involucró 15 túneles con un total de 188km de longitud siendo este un proyecto previo y completado antes que el tramo Evinos-Mornos, el cual se explorará a continuación. La presa de Mornos necesitaba re-abastecerse de mayores fuentes de agua para poder surtir a Atenas y para esto se hizo un trasvase entre la presa de Evinos, al este, a la de Mornos a través de un túnel de 30 kilómetros de largo tal como se muestra en la siguiente imagen. El túnel se inició en el año de 1991 y terminó en el 1994, tras 34 meses en construcción.

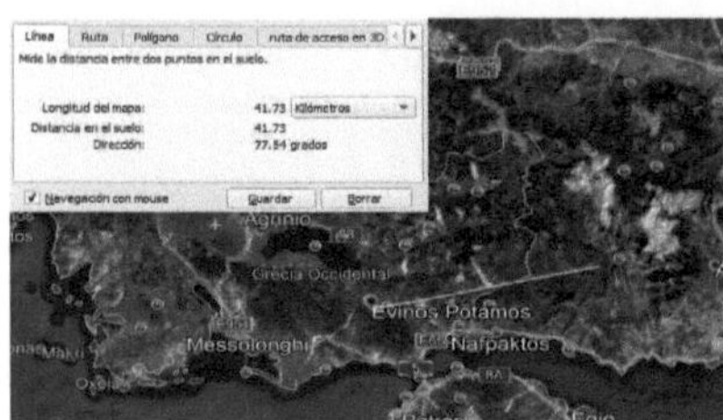

Figura 28. Ubicación geográfica y distancias pertinentes en el túnel Evinos-Mornos, Grecia.

La presa de Mornos que es el punto final del túnel, tiene 126 metros de altura y una cota de 441.5 m.s.n.m. La presa de Evinos, de donde parte el túnel, tiene una cota de 505 m.s.n.m. El flujo de agua entre ambas presas es por gravedad al tener el diferencial de cotas descrito, siendo la presión final en Mornos cero y esto gracias al cálculo preciso del coeficiente de roce entre el flujo del agua y el revestimiento para que tal condición se cumpla. El túnel posee 2 lumbreras de ventilación debido a que la litología (en específico en flysch) posee gas metano que debe ser ventilado a la superficie y un túnel de acceso. En total el túnel se dividió en 5 tramos, llamados de la letra A a la E, como se muestran en la figura siguiente.

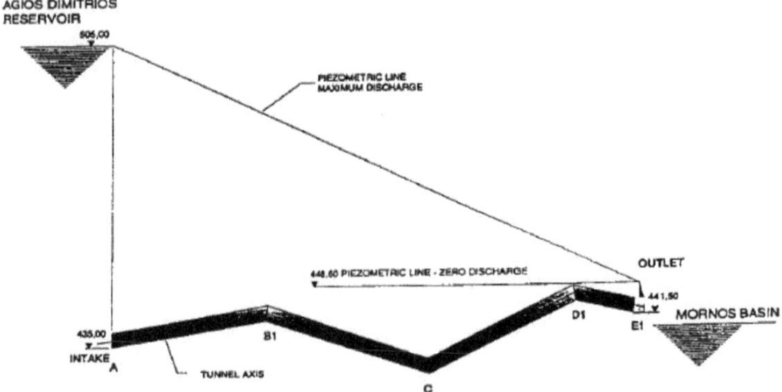

Figura 29. Tramos del túnel Evinos-Mornos, y la presión piezométrica a lo largo de su tramo.

Las litologías encontradas a lo largo de estos tramos se encuentran en la siguiente figura, siendo el flysch y la caliza las litologías en mayor proporción. El encadenamiento 'cero' es saliendo de la represa Evinos y los 29392m al llegar a la represa de Mornos. Estos datos y figuras fueron tomados de Grandori et al., (1996) que explica muy a detalle todo el proceso de esta obra.

Station	Formations	max. overburden
0 - 1500 m	flysch	300 m
3.700 m	limestone (cherts)	700 m
4.950 m	flysch	1.300 m
9.200 m	limestone (cherts)	1.100 m
29392 m	alternating fine grained and chaotic flysch	1.100 m

Figura 30. Tabla de las litologías presentes a lo largo del tramo del túnel Evinos-Mornos, Grecia.

La estructura geológica es de estratos volcados casi verticalmente debido al tectonismo en la zona. Se usaron 4 excavadoras TBM en paralelo, cada una para un tramo del túnel a excavar, esto debido a que se adecuo cada excavadora para la litología del tramo en cuestión. El túnel se excavo a una cota de 500m.s.n.m y tiene sobre si hasta 1200 metros de cobertura como máximo.

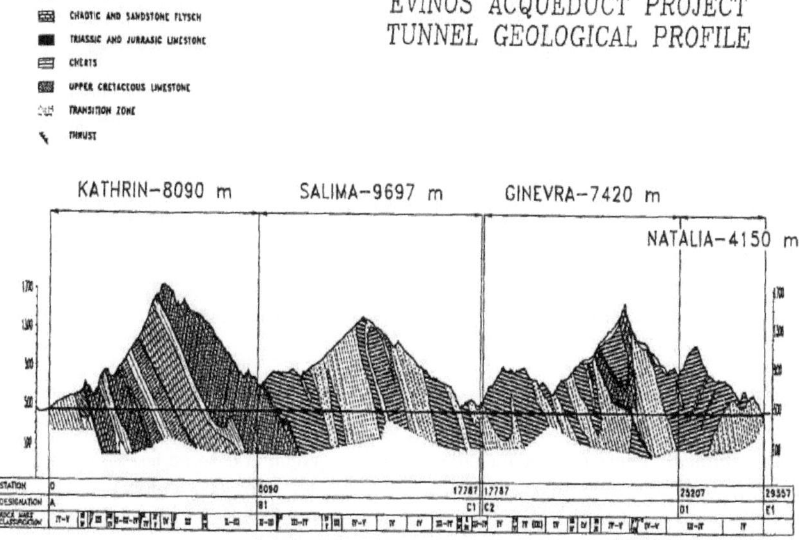

Figura 31. Estructura geológica en un perfil longitudinal del túnel Evinos-Mornos, Grecia.

Se observa con mayor caridad en la siguiente tabla y gráfico la clasificación de macizo rocoso para cada tramo. Esta clasificación es en base al RMR, y la tabla muestra cuantos metros de excavación se realizó en cada sección para cada tipo de RMR (desde I hasta >V). Siendo el tramo D1-E1 el de peor calidad de RMR y el de avance proporcional más lento.

Section	Advance	RMC II	RMC III	RMC IV	RMC V	RMC >V
A-B1	8090	849	2823	1560	2194	664
C-B1	9697	449	2083	2546	3430	1189
C-D1 *)	6925	355	443	1869	2212	1866
E1-D1	4185	298	1055	128	1781	923
Sum	28897	1951	6404	6103	9617	4642

Figura 32. Tabla que muestra el metraje por tipo de RMR encontrado en cada tramo del túnel Evinos-Mornos, Grecia.

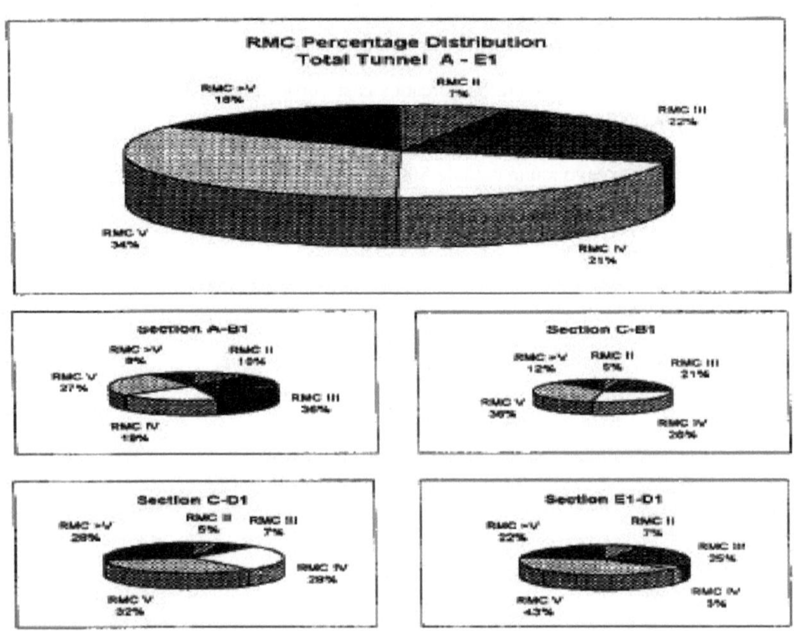

Figura 33. Gráfico que muestra el porcentaje del tipo de RMR encontrado en cada tramo del túnel Evinos-Mornos, Grecia.

El revestimiento consistió únicamente en concreto que en el caso de las TBM Salima y Ginebra para los tramos B1-C1 y C1-D1, al ser cerradas, colocaban concreto prefabricado y en el caso de las TBM Kathrin y Natalia para los tramos A-B1 y D1-E1, al ser abiertas, el revestimiento fue por lechada de concreto.

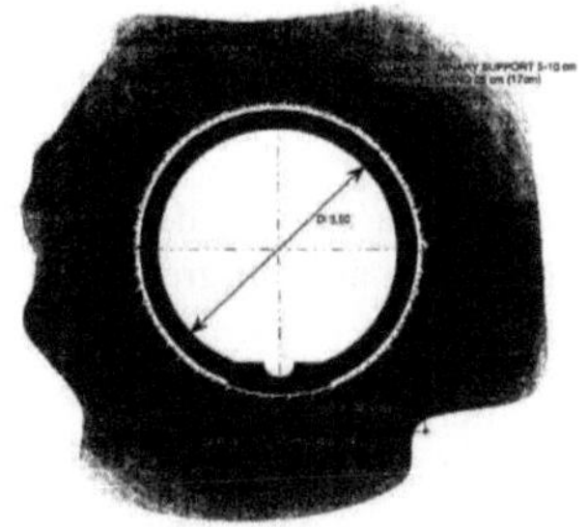
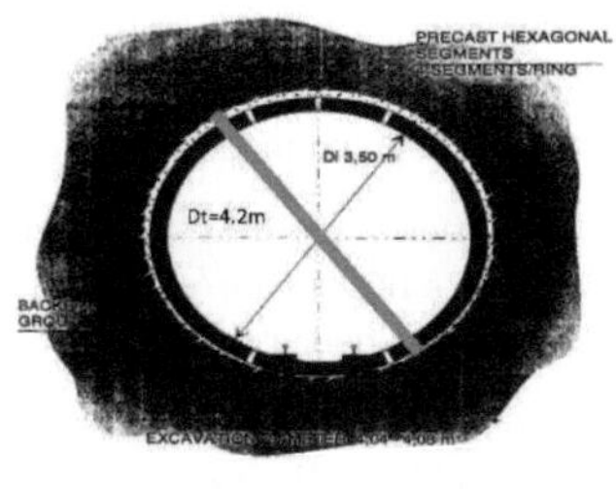

Figura 34. Sección del túnel junto con sus 2 revestimientos dependiendo del tipo de tuneladora presente. Izquierda lechada de concreto, derecha concreto pre-fabricado.

El diámetro interno del túnel fue de 3.5 metros para ambos tipos de revestimiento y el diámetro externo de la excavación fue de 4.2 metros. Para los cálculos de capacidad de carga del revestimiento se realizó por medio del criterio de falla de Mohr-Coulomb.

Estas diferencias en el revestimiento, así como en las condiciones de RMR del macizo impactaron el tiempo de excavación de las TBM, haciendo que algunas tuvieran que ir más lento que otras

TBM names		Kathrin	Salima	Ginevra	Natalia
TBM types		Open Type	Double Shield	Double Shield	Open Type
Tunnel Section		A-B1	C-B1	C-D1	E1-D1
Length of tunnel (m)		8090	9697	7421	4185
Total Exc. days (d)		382	360	442	273
Daily advance (m)	Best	57	60	50	42,4
Daily advance (m)	Aver.	21,2	26,9	16,8	15,3
Weekly advance (m)	Best	327	298	248	185
Monthly advance (m)	Best	743	1018	849	666

Section A-B1 (8,1 km) = 30,0 months
Section C-B1 (9,7 km) = 22,5 months
Section C-D1 (7,4 km) = 22,5 months
Section E1-D1 (4,2 km) = 21,5 months

Figura 35. Avance y distancias logradas por cada tuneladora en cada tramo del túnel Evinos-Mornos, Grecia.

Se puede observar que el tramo más corto, el D1-E1, tuvo una duración en tiempo de casi igual a los tramos del doble de longitud de este que son el B1-C y C-D1. Esto debido a la mala calidad de roca presente.

Por ejemplo, ocurrió una parada de 50 días en la TBM Ginebra (tramo C-D1), por un desprendimiento del techo 10 metros altura. La roca al ser tan blanda en este tramo se cerraba contra el marco de la tuneladora y la atrapaba, atascándola.

Una vez terminado el proyecto, el equipo conformado por Grandori, Jaeger, Antonini y Vigl (1995), pudo concluir que:

- Las TBM cerradas son ideales para roca con difíciles características como posibles desprendimientos y alta presión de agua, pero avanzan más lento que una abierta en un macizo rocoso sano

- La clasificación RMR, fue usada de manera efectiva en un 85% del trayecto, más sin embargo en el otro 15%, al ser el material muy disgregado, esta clasificación queda sin efecto.

- Optar por calcular los costos y presupuestos del proyecto en base a la clasificación RMR, a pesar de que si puede ser una herramienta útil, no debe ser la única a ser tomada en cuenta

- Los desprendimientos pudieron ser atendidos a tiempo en parte gracias a que el diámetro del túnel no era excesivamente grande. Para casos de diámetros mayores, hubiese sido imposible atenderlos al momento y las paradas en la obra hubiesen sido de bastante mayor tiempo

- Las TBM para este último punto, deberían tener accesos mejores para poder colocar revestimiento a la par que se perfora

- En rocas con alta capacidad para re comprimirse y hundir la pared del túnel, las TBM se pueden quedar atrapadas o atascadas. Para tuéneles de diámetros mayores en estas mismas condiciones geológicas esto es de suma importancia

- Los tiempos de parada de la obra de un túnel pueden tener impacto en su construcción de forma que multiplican los tiempos y costos finales de la misma. Por ende, evitarlos es de suma prioridad. Solo el 9% de esta obra tuvo macizos rocosos de calidades extremadamente bajos, pero los esfuerzos para contrarrestar estas adversidades fueron inmensos. Otro 7% del macizo tenía calidad muy mala, pero no extrema. La peor litología encontrada fue el Flysch por sus desprendimientos, seguido de la caliza Chert, por sus planos de discontinuidad.

- Los tiempos tan cortos para tan arduo y exigente trabajo solo pudieron ser cumplidos gracias a 3 factores primordiales: A) el uso de 4 TBM, cada una ajustada al tipo de litología que iba a perforar. B) Técnicas avanzadas de revestimiento para no parar la obra o que esta genere pérdidas importantes por colapsos. C) Un muy arduo trabajo del personal que operó la obra.

4.4 Macro-túnel Escénica Alterna – Acapulco México

Es un túnel carretero de 3 carriles que conecta la Zona dorada de Acapulco con la Zona Diamante a través de la escénica alterna, con una longitud de 3.3 kilómetros. Posee una altura de 9.6 m y un ancho de 13.6 m.

La geología local que atraviesa el túnel cuenta con 2 litologías claramente diferenciadas:

1. Granito Rapakivi: Formado por ortoclasa, albita-oligoclasa y cuarzo. Compacto, duro, masivo, de color blanco con tonalidades crema, gris y azulado, escasamente fracturado. Presenta variaciones de granito a granodiorita.

2. Complejo metamórfico: Meta-areniscas y meta-grauvacas básicas, esquisto máfico y ultra-máfico. Esta unidad litológica se sub-divide en una de mejores condiciones geotécnicas y una inferior a esta de peores condiciones geotécnicas.

Estas 2 unidades presentan diferentes propiedades geotécnicas. La unidad 1 tiene un módulo de deformabilidad de 69GPa y una resistencia a la compresión simple de 63MPa, mientras que la unidad 2 tiene un módulo de deformabilidad de 62GPa y una resistencia a la compresión simple de 60MPa.

Ubaldo (2016) resume en la siguiente tabla las clasificaciones RMR y Q de estas 3 unidades.

Unidades	Clasificación RMR	Índice Q
Unidad I. Granito Rapakiwi	34 a 71 CLASE II a IV Roca mala a buena	0.20 a 35.5 Roca muy mala a buena
Unidad II. Complejo metamórfico medianamente fracturado	37 a 59 CLASE IV a II (III a IV) Roca mala a buena	0.45 a 8.8 Roca muy mala a media
Unidad III. Complejo altamente fracturado	20 a 44 CLASE IV a II (III a IV) Roca mala a buena	0.09 a 3.33 Roca extremadamente mala a muy mala

Figura 36. Clasificaciones RMR y Q para el Macro-túnel Escénica Alterna, Acapulco.

UNIDAD	Límite	RMR	Q	E_{min} (MPa)	E_{med} (MPa)	E_{max} (MPa)
I	inferior	34	0.20	800	3,000	9,000
	superior	71	35.5	9,000	30,000	48,000
II	inferior	37	0.45	1,000	4,000	13,000
	superior	59	8.80	2,600	18,000	32,000
III	inferior	20	0.09	200	500	4,000
	superior	44	3.33	1,100	6,000	16,000

Figura 37. Módulos de Young para el Macro-túnel Escénica Alterna, Acapulco.

Para el cálculo de los revestimientos a usar y previamente de la relajación de esfuerzos y la deformación sin soporte, se calcularon los parámetros de Hoek-Brown para poder aplicar el análisis analítico por medio de software. Siendo σ_m la resistencia a la compresión simple de la matriz rocosa, ϕ_m el ángulo de fricción de esta matriz y C_m su cohesión.

Unidad	*GSI*	σ_{cm} *(MPa)*	ϕ_m *(°)*	c_m *(MPa)*
I	29 a 66	0.93 a 31.08	34 a 46	0.25 a 6.20
II	32 a 54	1.39 a 14.22	35 a 43	0.36 a 3.10
III	20 a 39	0.09 a 3.33	26 a 38	0.03 a 0.80

Figura 38. Índice Geológico, resistencia a la compresión simple, ángulo de fricción y cohesión para el Macro-túnel Escénica Alterna, Acapulco.

Estas unidades son atravesadas por 5 familias de discontinuidades. La máxima cobertura no pasa de los 60 metros, por lo tanto las presiones no son muy altas en este caso.

El revestimiento seleccionado para este túnel fue de concreto hidráulico con un armado de dos lechos de varilla de 1/2" y separación de 30 cm en ambos sentidos transversal y longitudinal. La clave con un espesor de 35 centímetros y aumentando este espesor hasta llegar a 45 centímetros en el centro de los hastiales. Este análisis para seleccionar el revestimiento adecuado se realizó por medio de mallas de elementos finitos.

4.5 Descripción de aspectos llamativos de los otros 6 túneles

El túnel Gotthard Base de Suiza, es en la actualidad el túnel más largo del mundo con más de 57.09 km de largo y también es aquel que tiene mayor cobertura en algún tramo con más de 2450 metros de Alpes suizos sobre este. Es un túnel ferroviario, fue terminado en el año 2016. Debido a la muy alta carga estática los esfuerzos sobre este túnel y por ende aquellos que el revestimiento debe soportar son increíblemente altos. Además el túnel atraviesa zonas cercanas y muy contiguas a depósitos de antiguos valles sedimentarios que ahora se encuentran enterrados a kilómetros de profundidad. Estas zonas presentan altas presiones de agua en sus poros y en las karsticidades de las rocas circundantes. Si no tuviese instalado un muy buen sistema de ventilación siempre en funcionamiento, la temperatura dentro de este túnel seria de 46 grados centígrados. Su radio interior, ya con el revestimiento colocado es de 5.2 m.

El túnel del canal Ingles que conecta Francia e Inglaterra subacuáticamente, es el segundo túnel sub-acuático más largo del mundo con una longitud de 50.45 km (el más largo con una sección toda continua debajo del agua) y une a los países de Gran Bretaña y Francia. En su punto más bajo tiene 75 metros de cubierta de sedimento, esto debajo de otros 40 metros de agua para un total de 155 metros debajo del nivel del mar. Su construcción comenzó en el año de 1988 y termino en el año de 1994. Se utilizaron 11 TBM que atravesaron la litología de carbonatos variados, margas y sedimentos en el lecho marino. En realidad este túnel consiste de 2 túneles paralelos de 7.6 metros de diámetro y un túnel de servicio que conecta los 2 túneles principales que están separados 30 metros entre sí. El túnel atraviesa fallamientos que son mayores del lado francés que del lado inglés. También el buzamiento es mayor del lado francés con hasta 20 grados mientras que del lado ingles no sobrepasa los 5 grados. Debido a estas 2 razones la excavación y soporte fueron diferentes de cada lado en cuestión. Para este túnel si se contaba con una gran cantidad de sondeos de muestras a lo largo de varias décadas de exploración, con campanas de más de 70 sondeos en algunos casos. Además se contó con varios estudios geofísicos, incluyendo sísmica marina de alta resolución para observar la estructura de las capas subterráneas. En ambos lados del canal se utilizaron anclas como mecanismo de soporte además del concreto armado, lo que vario por sección fue el dicen de estos mallados y los materiales de estas anclas. Del lado francés la permeabilidad fue mayor que del lado inglés y por lo tanto se usaron TBM cerradas.

El túnel Eisenhower en Colorado EE. UU, es el túnel a mayor altitud construido en los Estados Unidos de América y uno de los más altos del mundo, construido en las afueras de la ciudad de Denver, Colorado. Su punto más alto se encuentra a los 3401 m.s.n.m. Su construcción comenzó en el año de 1968 y se culminó en su totalidad el año de 1979 con una longitud de 2.73 km. Durante la excavación se encontraron fallamientos que empezaron a deslizar al estas ser relajadas por la oquedad. Estas fallas no se habían observado en las muestras de núcleo previas a la excavación. Es un túnel carretero de 2 canales en ambos sentidos, para un total de 4 canales. Las excavaciones fueron de 15 y 12 metros de ancho, aunque los gálibos como tal solo son de 4.9 metros. El resto del espacio se utiliza para diversos fines entre ellos la ventilación y el drenaje de agua.

El túnel del Tokyo Bay Aqua-Line de Japón, es el cuarto túnel acuático más largo del mundo con 9.6 km de largo. Conecta con puentes lo que lo hace una obra de arquitectura muy llamativa. Para esta conexión con el puente se construyó una isla artificial. El túnel abrió en Diciembre de 1997.

El Maxi túnel interurbano carretero de Acapulco México un túnel que conecta a la ciudad de Acapulco con la Autopista del Sol, siendo actualmente el segundo túnel más grande de México solamente por detrás de la Escénica Alterna el cual fue ampliamente explicado anteriormente. El túnel tiene una longitud de 2953 metros y un ancho de 13.6 metros por una altura de 9.6 metros, con forma de herradura. La construcción de la obra duro 2 años, iniciándose en el año de 1994 y terminándose en el año de 1996.

El túnel Boquerón 1 en Venezuela, conecta la capital del país, Caracas, con su aeropuerto principal ubicado en la costa y en el ámbito de una ciudad satélite a la capital, La Guaira. Es un doble túnel carretero, con 2 carriles para cada sentido, teniendo una longitud de 1910 metros. Su construcción comenzó en el año de 1951 y termino en el año de 1953. Atraviesa sistemas montañosos pertenecientes a la cordillera de la costa, con alto nivel de plegamiento y fallamiento en rocas metamórficas de origen sedimentario.

5. Ejemplo de aplicación para la determinación de los esfuerzos de los revestimientos de un túnel carretero

El proyecto que se escogió para analizar en este estudio es un túnel cercano a la localidad de Compostela en el estado de Nayarit, México. Está inmerso dentro de la cadena Neo-volcánica de México y cercano a la sierra madre.

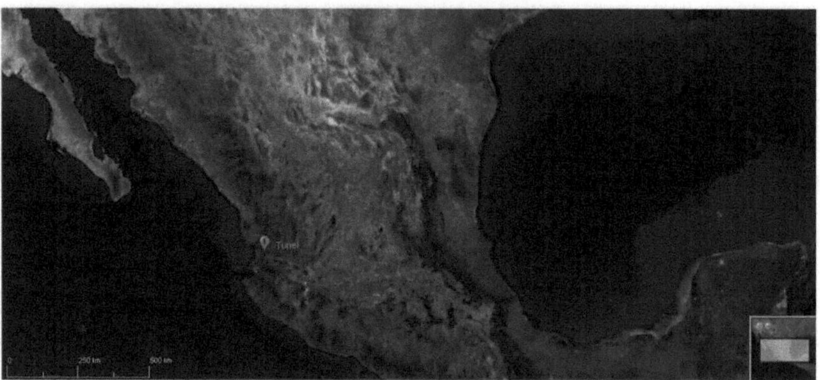

Figura 39. Ubicación Geográfica del caso de estudio.

Es parte del tramo carretero que conecta las ciudades de Guadalajara con Puerto Vallarta, a través de la carretera Jala-Compostela.

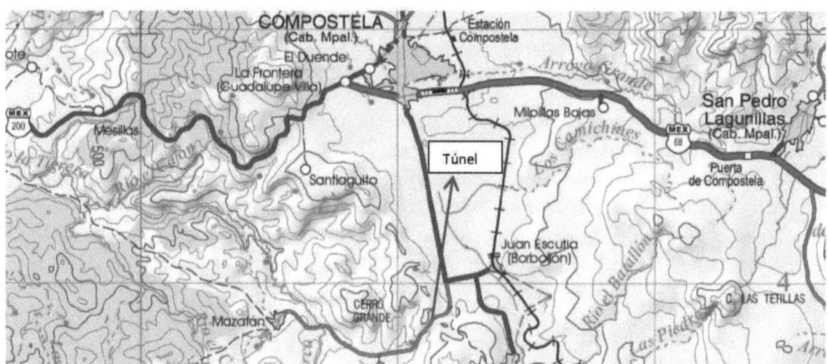

Figura 40. Ubicación en mapa topográfico y carretero del caso de estudio.

Para este estudio se cuenta con estudios nuevos y recopilación de documentos previos de índole geológico, geofísico y geotécnico. Todo esto está recopilado en 3 informes, uno de cada rama profesional anteriormente mencionada.

Para la geología local y regional en el informe geológico está estipulado que se contó con 5 cartas, entre ellas las geológicas, topográficas y de clima. La topografía a detalle se realizó como parte de las acciones para el diseño de este túnel.

Las coordenadas del portal de entrada del proyecto son: 509.384 N 2.339.321E en coordenadas UTM o S12 21' 05.79'' en coordenadas geográficas.

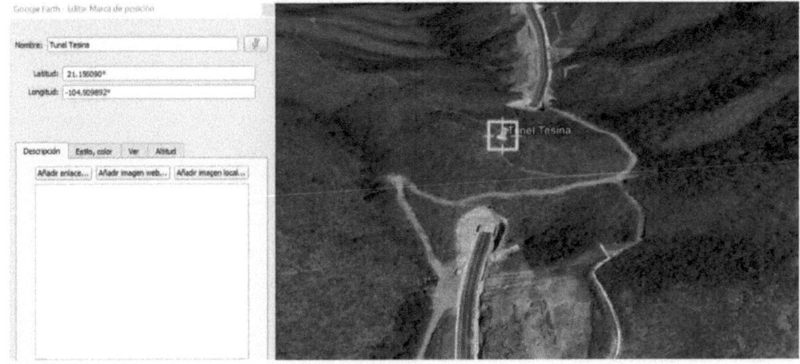

Figura 41. Imagen del túnel del caso de estudio y sus coordenadas exactas.

La geología local es de tipo ígneo presentándose tobas del tipo ignimbríticas, basaltos andesíticos e intrusivas y volcánicas graníticas. Algunas de estas litologías al encontrarse en la capa superficial, se encuentran intemperizadas. Existen 4 familias de fracturas identificadas.

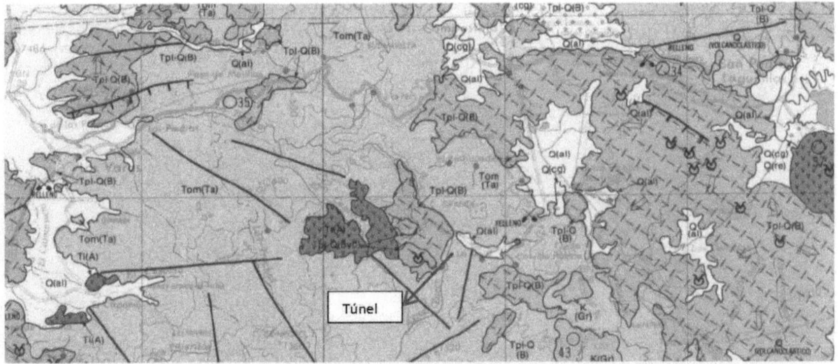

Figura 42. Mapa Geológico del área en donde se encuentra el túnel del caso de estudio.

Tom (Ta): Toba Acida del Oligoceno-Mioceno. Tpl=Q(B): Diorita Básica del Plioceno y suelos. Q(al): Suelos aluviales.

Esta área se encuentra en el eje Neovolcánico Mexicano, y presenta varios periodos de diferente volcanismo y otros de erosión. Las familias de fracturas en estas rocas pueden ser generadas por las intrusiones o por la erosión fluvial y pluvial.

La elevación más prominente dentro del área del proyecto del túnel corresponde al Cerro Grande con un poco más de 1200 m.s.n.m. y cuya elevación parte del valle de Compostela y que se encuentra a una elevación de poco menos de 900 m.s.n.m. El valle está constituido por depósitos aluviales de las elevaciones circundantes.

El Cerro Grande presenta una vegetación de encimo mientras que el área que atraviesa
el túnel presenta una vegetación de baja Caducifolia. Este punto es de cierta relevancia
ya que la falta de vegetación de raíces fuertes y en general escasa de la Caducifolia hace
más proclive los deslizamientos y movimientos de caídos del suelo residual que hace de
primera capa en todo el tramo de este túnel, y más específicamente en sus portales de
entrada y salida.

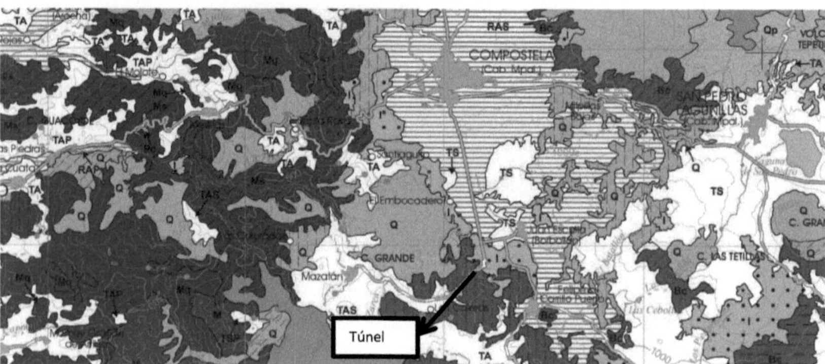

Figura 43. Mapa de suelos del área en donde se encuentra el túnel del caso de estudio. Bc rojo:
Vegetación Baja Caducifolia. Q verde: Vegetación de encimo

La estructura local que atañe a la construcción del túnel es la de una pequeña elevación
cónica de no más de 100 metros de altura de base a tope, entre 2 montañas de relativo
mayor tamaño (aunque siendo estas pequeñas igualmente). Esto se puede apreciar en la
siguiente imagen.

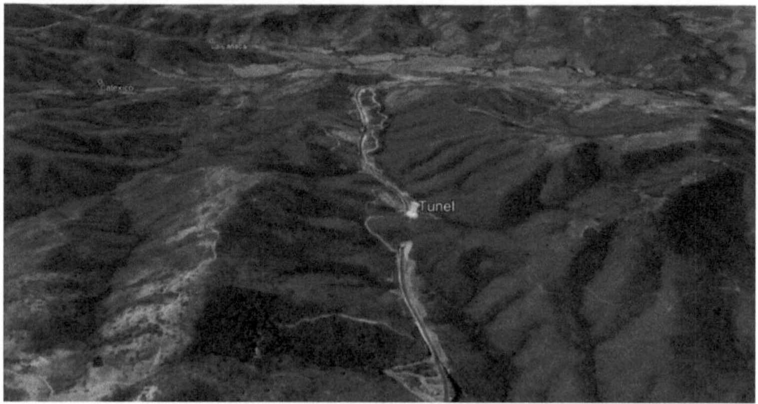

Figura 44. Ubicación relativa del túnel del caso de estudio en relación a montañas aledañas.

La estratigrafía local consiste en una base de basaltos andesíticos, la cual es atravesada
por el túnel en su sección central, y sobre la cual se encuentran tobas ignimbríticas con
un espesor variable aproximado de 10 metros que son atravesadas por el túnel en las
secciones de los portales de entrada y salida. Sobre estas 2 secuencias está una leve

cubierta no mayor al metro de suelos residuales con alta capacidad de ser arrastrados por gravedad y flujos de agua.

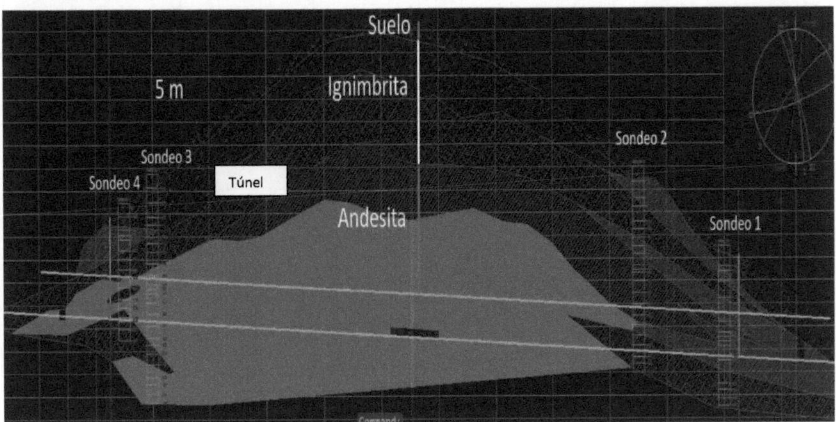

Figura 45. Perfil del túnel del caso de estudio que muestra las litologías presentes y la ubicación de los 4 sondeos geotécnicos de obtención de muestras que se realizaron.

La zona central en la cumbre de la elevación tiene un espesor de roca sobre el túnel de 60 metros. En los portales el espesor comienza siendo cero y en sus otros extremos son 35 metros para el portal de entrada y 30 metros para el de salida.

Las tobas e ignimbritas tienen velocidades de onda P que varían entre zonas del túnel y en profundidad. En general estas tobas tienen una diferenciación interna en 2 capas, una con velocidades entre 700-900 m/s, y otras con velocidades entre 1500-2500m/s. Esta diferenciación es debido al intemperismo de la capa más superficial, y lo mismo se evidencia en las resistividades de estas 2 capas tobáceas con resistividades superficiales entre 20-70ohm-m y en la segunda capa tobáceas con valores de mayores a 100ohm-m.

No se tienen valores de velocidad de onda ni de resistividad de los basaltos andesíticos ya que la refracción sísmica y los sondeos eléctricos verticales que se realizaron para los estudios prospectivos que se tienen en este estudio no llegaron a profundizar lo suficiente como para observar las propiedades de esta capa.

Para el análisis geotécnico de este túnel, se dividió este en 3 zonas, de las cuales solo se analizará una de ellas. La zona del portal de entrada que abarca los encadenamientos 37 km + 745m hasta 37 km + 785m. La zona central que abarca los encadenamientos 37 km + 785m hasta 37 km + 930m. Y la zona del portal de salida que abarca los encadenamientos 37 km + 930m hasta 37 km + 765m.

Es la zona central, debido a ser el tramo más largo y objetivo central del estudio para poder realizar el túnel, el que se analizará a fondo en este trabajo.

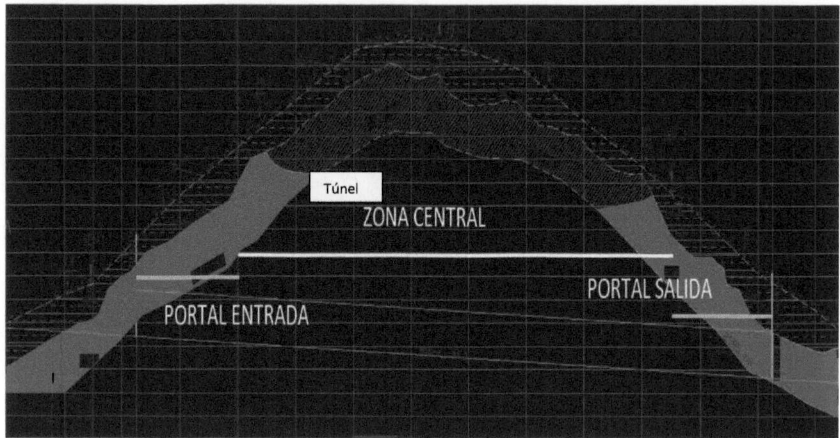

Figura 46. Zonificación adoptada para el diseño del túnel del caso de estudio. La zona central esta coloreada de color blanco mientras que las zonas de portales de entrada y salida están coloreadas de color azul celeste.

Los cálculos de deformación y soportes se realizaron con los máximos de carga vertical para esta sección central la cual es de 60 metros de los cuales los 23 metros más superficiales son de tobas y los otros 37 metros en profundidad son de basaltos andesíticos. No se estiman que existan esfuerzos tectónicos presentes. La densidad de la ignimbrita en 1.8 gr/cm^3 se obtuvo de los datos aportados por las campañas de geología y geotecnia, así como la densidad del basalto andesítico en 2.66 gr/ cm^3. En el caso de este basalto andesítico, al tenerse varias muestras de núcleos de los sondeos de muestras, se promedió la densidad obtenida de estos y se promediaron solo los datos de densidad dentro del espesor del túnel. Los sondeos, a pesar de encontrarse en las zonas delimitadas en este trabajo como zonas de portales, para la profundidad del basalto andesítico y dado que los valores son bastante similares en ambos portales, se asumieron que su comportamiento es el mismo a lo largo de toda la longitud del túnel y por ende es posible usar estos datos de sondeos para la zona central en cuestión.

Los módulos de Young de roca intacta de 2522.72 MPa, de Poisson de 0.45 y la resistencia a la compresión simple de la matriz de roca de 36.62 MPa también se obtuvieron del mismo modo que la densidad volumétrica, promediando los valores obtenidos de las pruebas, y filtrando algunos valores que se observaron muy distantes de la media.

El valor del índice geológico GSI de 53, se obtuvo de restar el valor de 5 unidades al valor RMR (58) obtenido para esta sección central del informe geotécnico.

Este valor RMR disgregado en sus partes tiene un RQD que varía entre un 25-50%, una resistencia a la compresión simple mencionado anteriormente de 36.62 MPa, una separación promedio entre fracturas de 30 cm con rugosidad ondulada en la mayor parte de ellas y nulo caudal de agua presente.

La tabla a continuación resume los valores observados en este macizo rocoso para obtener el índice RMR.

Tabla 3. Tabla valores para obtener el Índice RMR

Parámetro	Valor observado	Valor ponderación RMR
R.C.S	36.62 MPa	4
RQD	25-50%	6
Espaciamiento fracturas	0.3 metros	10
Estado de fracturas		23
Flujo de agua		15
TOTAL		**58**

Lo mismo también se realizó para el índice Q.

Tabla 4.Tabla valores para obtener el Índice Q

Parámetro	Ponderación Q
RQD	30
Jn	9
Jr	3
Ja	3
Jw	1
SRF	1
TOTAL	**3.33**

El módulo de elasticidad obtenido por medio de las fórmulas empíricas anteriormente mencionadas en este trabajo, parte de estos valores de RMR, GSI, y módulo elástico de la matriz rocosa.

Para obtener el módulo de deformación del macizo rocoso a partir únicamente del valor promedio obtenido de la matriz rocosa, se usó un valor de disminución de 0.3, es decir, que el módulo de deformación se calculó como un 30% del de la matriz rocosa.

Este valor de 30% se estableció después de tomar en cuenta varios parámetros, tales como la separación entre fracturas que varía entre los 10 cm y los 40 cm, la verticalidad de estas fracturas, la resistencia a compresión simple que muestra la roca intacta, la falta de presión hidráulica presente, el valor GSI y la carga vertical que se tiene. Debido a que el RMR es medio, clase III, pero que el fracturamiento es muy persistente, y la carga de roca es considerable, se eligió el rango bajo del intervalo 0.2-0.6 que establece Bieniawsky. De esta manera se obtiene un E=756.6MPa.

Si en cambio se utiliza la fórmula de Bieniawsky E = 2*58-100 = 16GPa = 16000 MPa

Si se utiliza la fórmula de Nicholson y Bieniawsky (1990) se obtiene un valor del 10% del de la matriz rocosa, es decir un módulo de deformación del macizo rocoso de 252MPa.

Utilizando la correlación más común de Barton, se obtiene un E de 10.29 GPa, lo que es igual 10290 MPa.

Y por último evaluando a formula de Hoek y Diederichs se tiene un valor de 1362 MPa.

Se decidió que debido a la alta variabilidad que se tiene de los valores obtenidos por las fórmulas de correlación se percibe que el valor más real es el obtenido a través de la reducción del módulo de la matriz rocosa, por ende, se seleccionó un módulo de deformación del macizo rocoso de 756.6 MPa, que se ajusta al alto nivel de fracturamiento en el macizo rocoso. El valor obtenido por la fórmula de Hoek y Diederichs, al partir de un dato de entrada similar (Ei), se encuentra también en el mismo orden de magnitud.

A continuación se muestra una tabla resumen de estos valores, siendo el primer valor de la tabla el seleccionado para los cálculos posteriores.

Tabla 5. Módulo de Deformación del Macizo Rocoso obtenido por diferentes métodos

Método de obtención del E del Macizo	Valor obtenido (MPa)
Módulo de Young de la matriz rocosa	756.6
Fórmula de Bieniawsky	16000
fórmula de Nicholson y Bieniawsky	252
Barton	10290
Hoek y Diederichs	1362

Teniendo un módulo de Poisson de 0.45, se puede ver fácilmente al evaluar la fórmula que correlaciona el k con el módulo de Poisson, que el k tiene un valor de 0.81 lo cual es aproximable a 1, siendo este el valor usado por el programa RocSupport de Rocscience en sus cálculos.

Debido a que el reporte de geotecnia no presento pruebas triaxiales y valores de Hoek-Brown, de mi=25 para la andesita (valor de m para la roca intacta), esto proporcionado por las tablas generales para estas litologías, tanto en la literatura, como dentro del mismo programa utilizado. No se vislumbra la necesidad de hacer grandes explosiones u otros mecanismos de excavación que alteren gravemente al macizo rocoso, por lo tanto se asumió un D=0 en los cálculos. El valor de m de las ecuaciones de Hoek-Brown del macizo rocoso calculado a partir del GSI y del m_i es de 4.66 y el valor del s es de 0.005395. Estos 2 valores están perfectamente dentro del rango esperado que se observa en la tabla de la Figura 12 para un macizo de calidad entre media y buena de rocas ígneas cristalinas. El m_i, al no tener pruebas triaxiales que hayan medido este parámetro, fue calculado por el programa a partir del valor m, el cual se tomó de la tabla presentada por Hoek-Brown y que está incorporado al software; siendo para el caso de los basaltos y de la ignimbrita de 25.

El radio del túnel del proyecto es de 5 metros y una longitud de 220 metros. El túnel a diseñar es de sección circular.

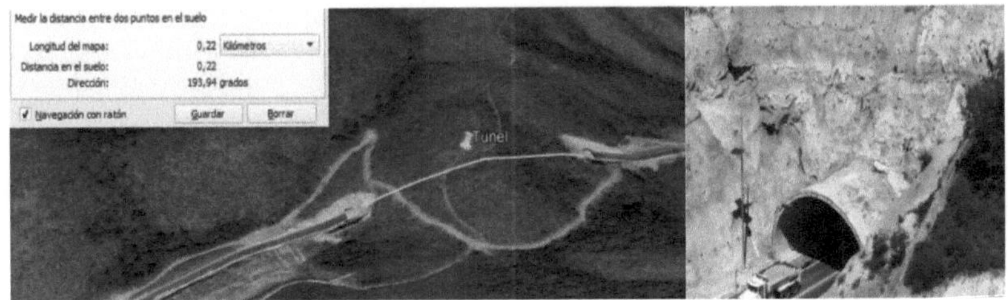

Figura 47. Medición en Google Earth de la distancia real del túnel del túnel del caso de estudio (izquierda), e imagen real de este (derecha) donde se aprecia su altura relativa.

A continuación, se presenta una tabla resumen de todos los parámetros usados para el análisis y diseño del túnel en cuestión.

Tabla 6. Tabla valores geotécnicos para obtener un diseño del revestimiento del túnel

Parámetro	Valor
Radio	5 metros
Longitud	220 metros
RMR	58
GSI	53
Q	3.33
Módulo de Elasticidad del Macizo Rocoso	756.6 MPa
RQD	30%
Resistencia a la Compresión Simple	36.62 MPa
Módulo de Poisson	0.45
mi	25
s	0.005395
m	4.66

Para obtener las deformaciones que sufrirá la oquedad y el tipo de soporte que se necesitará colocar para que estas no sobrepasen los límites establecidas por las normativas se utilizó el programa RocSupport de Rocscience.

5.1 Método analítico basado en Hoek-Bown

En este programa se selecciona que tipo de solución se quiere el cálculo de las deformaciones y se eligió el de Carranza-Torres el cual tiene su basamento en las ecuaciones de Hoek-Brown. También se elige si se tienen datos determinísticos o probabilísticos. En el caso de estudio los datos son determinísticos.

Una vez realizado esto, se procede a rellenar los datos del túnel y del macizo rocoso en el que este estará inmerso.

A continuación se presentan los análisis realizados de la zona centro

Zona Central del túnel

La curva característica obtenida por medio del programa RocSupport, para la excavación del túnel, sin soporte, con los parámetros antes mencionados en su sección central se muestra a continuación

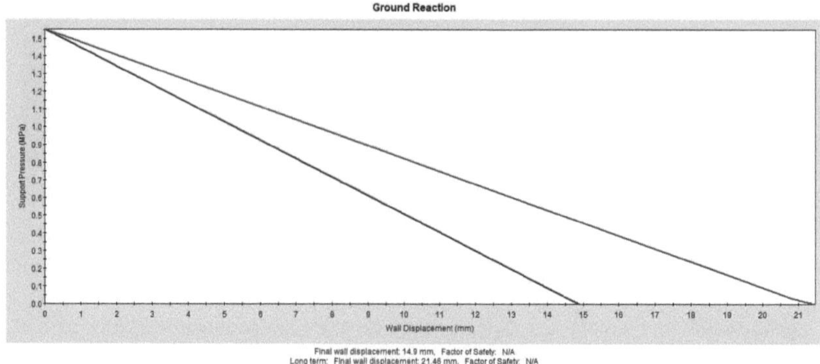

Figura 48. Deformación sin revestimiento en el momento de la excavación (azul oscuro) y un tiempo posterior a este (azul eléctrico)

La curva azul oscura es a corto plazo y la curva azul eléctrico es tomando en cuenta un 30% de decaimiento en las propiedades de resistencia y modulo elástico del macizo rocoso al largo plazo. La deformación radial a corto plazo para este túnel en su zona central, sin revestimiento, es de 14.9 milímetros mientras que a largo plazo es de 21.26 milímetros.

Este largo plazo es indicativo del comportamiento una vez el macizo rocoso se ajusta a su nueva configuración, y no es debido al paso de décadas y desgaste del revestimiento o movimientos tectónicos que generen cambios en los esfuerzos del macizo.

Se deben agregan 30 centímetros de concreto de 350 kg/cm2 de resistencia a la compresión simple a los 28 días de fraguado, para que el Factor de Seguridad tenga un valor de 2.28 a largo plazo, el cual es considerado adecuado para esta obra. Este concreto se deberá aplicar a un metro del frente del túnel.

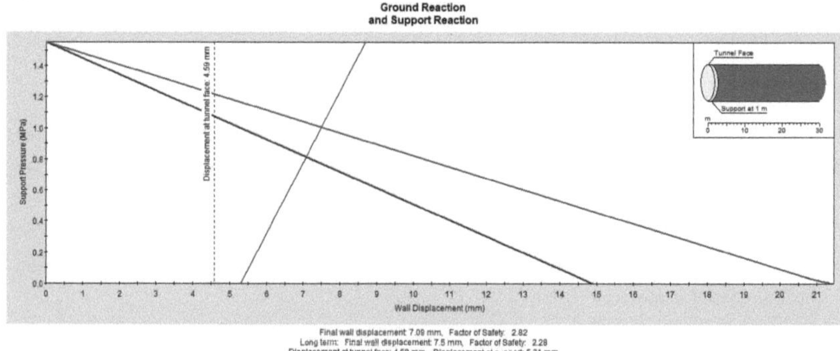

Figura 49. Deformación con revestimiento de 30 cm de concreto en el momento de la excavación (azul oscuro) y un tiempo posterior a este (azul eléctrico)

El desplazamiento final es de 7.5 milímetros en el largo plazo. El concreto tiene una capacidad de carga de 2.296 MPa, siendo cargado en la realidad en solo 0.81 MPa a corto plazo y 1.1 MPa a largo plazo.

El radio plástico es de 5 metros una vez colocado el revestimiento y de 5.03 metros sin este. La convergencia en este túnel es de 0.14% con el revestimiento descrito colocado, mientras que sin él sería de 0.3%.

El esfuerzo crítico, o aquel en donde el comportamiento pasa de ser elástico a plástico, es de 0.02 MPa sin el revestimiento y de 0.05MPa con el revestimiento.

La longitud no soportada, calculada por la formula descrita anteriormente en este trabajo es de 3.87 metros, pero debido al alto fracturamiento de este macizo rocoso y la muy alta probabilidad de caídos en la clave del túnel debido a estas pequeñas cuñas, el avance del revestimiento se preferirá realizar cada metro que avance el frente de excavación. Se agrega además la recomendación de estabilizar con una leve lechada de 5 cm inmediatamente a los pocos centímetros de avance del frente del túnel, para estabilizar de inmediato estas cuñas.

Todos los parámetros calculados por el programa RocSupport, algunos de ellos ya mencionado anteriormente, se muestran a continuación:

Solution Method: Carranza-Torres solution
Analysis Type: Deterministic
Modulus Method: Hoek,Carranza-Torres,Corkum (2002)

Analysis Results:

Factor of Safety : **2.82**
Mobilized Support Pressure : **0.81** MPa

With support installed :
Radius of Plastic Zone r_p : **5** m
Wall Displacement u_p : **7.09** mm
Tunnel Convergence : **0.14** %

With no support installed :
Radius of Plastic Zone r_p : **5.03** m
Wall Displacement u_p : **14.9** mm
Tunnel Convergence : **0.3** %

Deformation at the tunnel face :
Wall displacement : **4.59** mm
Tunnel Convergence : **0.09** %

Critical Pressure p_{cr} : **0.02** MPa

Analysis Results For Long-Term Ground Reaction:

Factor of Safety : **2.28**
Mobilized Support Pressure : **1.01** MPa

With support installed :
Radius of Plastic Zone r_p : **5** m
Wall Displacement u_p : **7.5** mm
Tunnel Convergence : **0.15** %

With no support installed :
Radius of Plastic Zone r_p : **5.1** m

Wall Displacement u_p : **21.46** mm
Tunnel Convergence : **0.43** %
Critical Pressure p_{cr} : **0.05** MPa

Tunnel and Rock Parameters:

Tunnel Radius r_o : **5** m
In-Situ Stress p_o : **1.5534** MPa

Young's Modulus of Rock Mass E : **756.6** MPa
Poisson Ratio ν : **0.45**

Dilation Angle ψ : **0°**
Compressive Strength of Intact Rock σ_{ci} : **36.6218** MPa

Peak Strength Parameters Defined As : **GSI, mi, D**
Geological Strength Index : **53**
Rock Mass Constant m_i : **25**
Disturbance Factor : **0**

Support Parameters:

Total combined :
Maximum support pressure : **2.296** MPa
Maximum average strain : **0.1** %
Installed at distance from tunnel face : **1** m
Initial Tunnel Convergence : **0.11** %
Initial Wall Displacement : **5.31** mm

Shotcrete :
Properties : **Thickness = 300 mm, age = 28 days, UCS = 35 MPa**
Maximum support pressure : **2.296** MPa
Maximum average strain : **0.1** %

Todos estos datos se pueden observar en las siguientes tablas resumen:

Tabla 7. Valores de Parámetros de salida del Método Hoek-Brown, con revestimiento

Con Revestimiento	
Deformación inicial	5.31 mm
Deformación Corto Plazo	7.09 mm
Deformación Largo Plazo	7.5 mm
Carga Concreto Corto Plazo	0.81 MPa
Carga Concreto Largo Plazo	1.01 Mpa
Radio Plástico corto plazo	5 m
Radio Plástico largo plazo	5 m
Convergencia inicial	0.11%
Convergencia corto plazo	0.14%
Convergencia largo plazo	0.15%
Esfuerzo critico	0.05 Mpa
Factor de Seguridad	2.82

Tabla 8. Valores de Parámetros de salida del Método Hoek-Brown, sin revestimiento

Sin Revestimiento	
Deformación Corto Plazo	14.9 mm
Deformación Largo Plazo	21.46 mm
Radio Plástico	5.03 m
Radio Plástico largo plazo	5.1 m
Convergencia corto plazo	0.30%
Convergencia largo plazo	0.43%
Esfuerzo crítico	0.02 Mpa

Tabla 9. Valores de Parámetros de salida del Método Hoek-Brown, frente del túnel

En el frente del túnel	
Deformación Corto Plazo	4.59 mm
Convergencia	0.09%
Esfuerzo crítico	0.02 Mpa

El túnel presenta 4 familias de fracturas, siendo las 3 más importantes:

- Verticales o casi verticales con rumbo NE79 y buzamiento 85S
- Verticales o casi verticales con rumbo S14 y buzamiento 81N
- Fractura con rumbo 67SW y Buzamiento 82 NW
- Horizontales

Estas 4 familias se muestran a continuación:

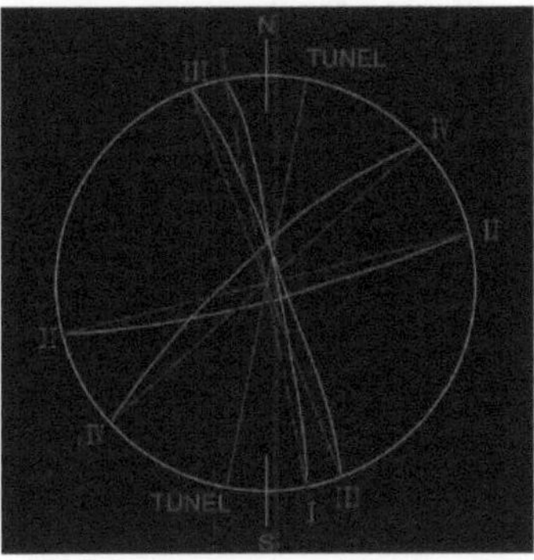

Figura 50. Red estereográfica de las fracturas del macizo rocoso

El espaciamiento promedio de cada una de estas familias varía entre los 0.1 y 0.4 metros, siendo el promedio general 0.3 metros. La cuña más pequeña de estas 3 familias tiene un volumen de 0.0135m^3 y un peso aproximado de 36 kilogramos. Cuñas más grandes provenientes de la unión de planos más abiertos pueden crear cuñas mayores, siendo la mayor posible aquella que es capaz de entrar en el diámetro del túnel. Año

Esta cuña máxima se calculó a continuación

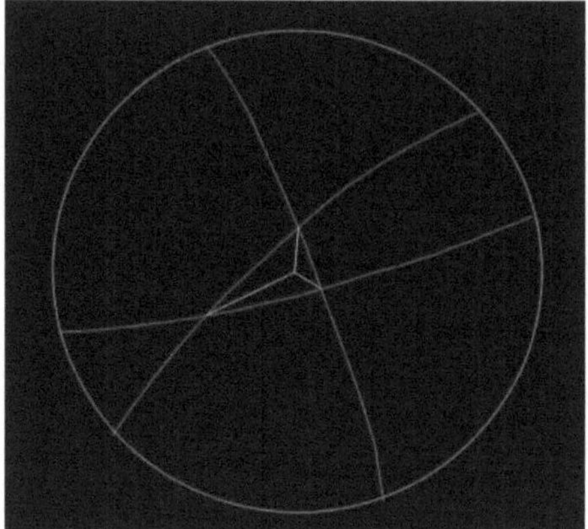

Figura 51. Cuña generada por las fracturas

En volumen de esta cuña es de 31.69 m^3 y tiene un peso (tomando en cuenta la densidad volumétrica del basalto andesítico) de 83.98 toneladas. La cuña está delimitada por las fracturas en color rojo, azul y verde de la siguiente figura y en diámetro del túnel visto de perfil esta dibujado en color negro.

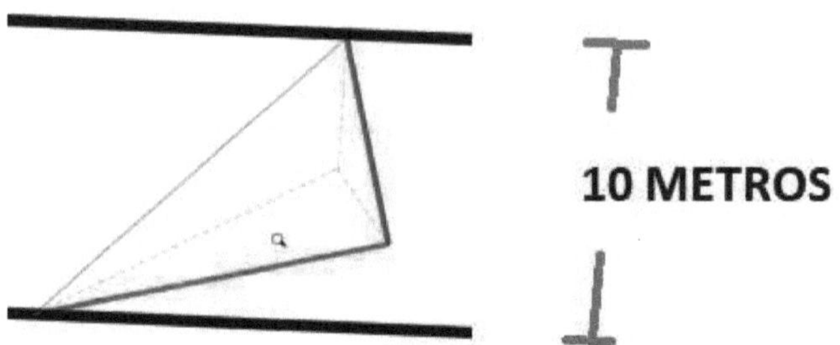

Figura 52. Cuña máxima

La presión que esta cuña máxima es capaz de ejercer sobre el revestimiento es igual a su peso entre el área de 63.55 m^2 que tiene la cara casi horizontal, y es de 1.32tn/m^2 o 0.012944 MPa. Esta presión debe ser sumada a lo que carga los 30 centímetros de concreto del revestimiento, dando entonces una carga final del revestimiento (a largo plazo) de 0.062944MPa.

Por supuesto esta cuña máxima es poco probable que ocurra, sobre todo teniendo en cuenta el avance asumido de la obra de 1 metro. Por lo tanto, se modelo más acordemente las cuñas pequeñas cada 0.3 metros de espaciamiento que se mencionaron primero en este escrito, para así calcular si el revestimiento es capaz de soportarlas.

Mediante el programa Unwedge de Rocscience se modelaron estas fracturas en el macizo rocoso circundante al túnel.

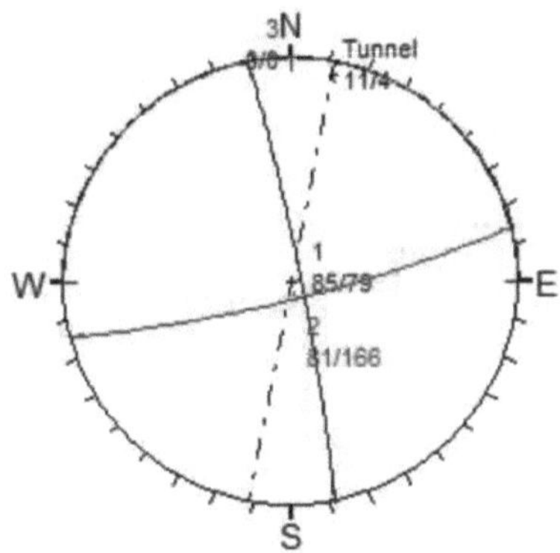

Figura 53. Red estereográfica generada en Software Unwedge

Teniendo en cuenta que el túnel buza 4 grados, tiene una orientación de NE11, y si se asume una cohesión de 0 y un ángulo de fricción entre fracturas de 10 grados (debido a las fallas casi verticales) para un modelo de fuerza cortante de Mohr-Coulomb, en la sección circular de 5 metros de radio de este túnel. Una vez colocado los 5 centímetros de concreto lanzado con un f'c de 350kg/cm^2 de los portales de entrada y salida se obtiene la tabla de datos que arroja el programa para cada lado que incluye los factores de seguridad, los cuales fueron muy por encima de lo requerido (mayores a 10), por lo tanto con 5 centímetros de concreto lanzado aplicado a pocos centímetros del avance de la excavación se debe poder estabilizar estas cunas pequeñas muy fácilmente.

5.2 Comparación entre métodos empíricos y el método analítico basado en Hoek-Brown

Si estos resultados por métodos analíticos se comparan con lo que arroja la tabla de Barton para métodos empíricos, se tiene que para la zona central del túnel en estudio:

Se puede calcular la Q de Barton a partir de las fórmulas empíricas de correlación con el RMR. Teniendo un RMR de 58 para esta zona y a partir de la fórmula $RMR = 9Ln\,(Q) + 44$, despejando Q en función de RMR y sustituyendo se obtiene una Q = 4.228 (la cual está en el mismo orden de magnitud que el valor obtenido para el portal de salida de 3.6 por medio de la geotecnia de campo, y también con el calculado de forma independiente en este trabajo para la zona central con un valor de 3.33)

Barton entonces recomienda por medio de su tabla empírica colocar de 10 a 15 centímetros de concreto neumático reforzado con malla soldada y pernos tensionados en cuadricula de 1-1.5 metros. La presión sobre el revestimiento es de 0.15 MPa según esta tabla, un orden de magnitud mayor que el calculado analíticamente, pero se debe recordar que la tabla no tiene valores mayores a 0.3 MPa. Por otro lado, calculando esta misma presión por la formula que el mismo Barton sugiere, el valor es de 0.45 MPa.

La carga calculada por la tabla empírica de Terzaghi da como resultado entre 180 y 570 kPa para un terreno de roca muy fracturada, lo cual está en el mismo rango que lo calculado por la tabla de Barton.

Si en cambio ahora se hace la comparación, pero con la tabla empírica de Bieniawsky se tiene que, con un RMR de 58, se debería colocar anclajes sistemáticos de 3 a 4 metros de largo cada 1.5-2 metros en clave y hastiales, teniendo malla en la clave. Además, entre 5 a 10 cm de concreto lanzado en clave y 3 cm en hastiales. Todo esto haciendo avances de 1.5-3 metros, a 20 metros del frente y con banqueo. Tomando en cuenta la fórmula de Bieniawsky para el cálculo de la carga sobre el revestimiento este da como resultado 1.12 MPa.

Como se puede observar el enfoque es totalmente diferente en este caso al compararlo con Barton, teniendo 20 metros de distancia desde el frente, pero incorporando un mayor soporte una vez colocado. Se puede comprender de esta manera que la tabla empírica de Bieniawsky tiende a ser más general que la de Barton además de que Bieniawsky ataca el problema de soporte en tiempos distintos que Barton y por ende no pueden su soporte final tiende a ser mayor.

Ambas recomendaciones empíricas usan anclas y por lo tanto tienen menores grosores de concreto en el revestimiento. En el caso analítico por medio de Hoek-Brown y siendo esta la recomendación final de este trabajo se optó por no usar anclar, debido a la corrosión y desgaste que estas pueden tener a lo largo de los años y décadas, teniendo en cuenta que la primera capa muy superficial es de suelo disgregado que filtra el agua hacia las profundidades y puede llegar a tocar las anclas a través de las muy persistentes fracturas ya ampliamente discutas previamente. Por ende se prefirió aumentar el grosor del concreto a 30 cm, el cual aún está dentro de un rango de bajo a medio si se compara con casos promedios de otros túneles y teniendo avances más cortos (que los recomendados empíricamente) de solo un metro.

Por último, también se recomienda instrumentar de forma oportuna el proceso constructivo de esta excavación para así poder medir a buen tiempo cualquier desviación de los resultados estimados y poder ajustar a su debido momento, previo a la existencia de repercusiones mayores. Se debe de recordar que varios parámetros para estos análisis y cálculos no tienen una precisión exacta, y algunos son provenientes de tablas genéricas, por lo tanto, estos efectos suman errores que pueden hacer desviar el resultado del análisis realizado, del de la realidad geotécnica. Sin embargo, gracias al buen factor de seguridad no se debe percibir que estos posibles errores o desviaciones deban conllevar a efectos no deseados catastróficos, y la instrumentación debe de servir más que todo como una revisión de la realidad a medida transcurre la construcción de la obra y así obtener el aseguramiento de que todo el proceso se está siguiendo acorde a los diseñado y a la seguridad de la obra y su funcionalidad.

6. Conclusiones

Se realizó una investigación de los métodos actuales que sirven para obtener los elementos de soporte en un túnel tanto a nivel teórico como a nivel práctico, analizándose varios casos de túneles previos nacionales e internacionales y aplicando esta suma de conocimiento a un ejemplo actual y moderno en un túnel de sección circular en el occidente mexicano de manera satisfactoria.

La comparación de los métodos analíticos y empíricos para lograr estos objetivos da a entender la validez que estos tienen en el rango de aplicaciones en las que cada uno de estos deben ser usados. Más aun, la comparación entre ellos es un elemento de análisis que mejora la interpretación final y por ende este autor recomienda el cálculo de los elementos de soporte de un túnel con por lo menos más de un método, para así tener un mejor ajuste y una visión con mayores ángulos de enfoque de la realidad geotécnica del túnel que se vaya a diseñar.

En cuanto a la solidez desde un punto de vista teórico el ganador viene de parte de los métodos analíticos teniendo como el caso fundamental el de Hoek-Brown. Pero los métodos empíricos vienen a completar los cálculos necesarios, cuando por razones de costos, no se pueden obtener datos y pruebas de todos los parámetros para poder generar el diseño del revestimiento de forma adecuada. Por lo tanto una integración de estas dos metodologías es recomendable para un diseño exitoso. De no tener datos suficientes para realizar estos cálculos, los métodos empíricos prueban ser una versión muy genérica y conservadora de la solución final a obtener. Por lo tanto si pueden ser usados en caso de ser necesario, sobre todo porque tienden a ser más conservadores que la realidad y no generaran fallas catastróficas, pero teniendo estos como desventaja la falta de exactitud en ellos y un posible sobre-gasto en la obra dado el enfoque conservador que tienden a tener.

Existen variadas investigaciones actuales, teóricas y empíricas, que apuntan a que mejores técnicas y software seguirán siendo desarrollados para obtener parámetros más exactos y así ayudar a mantener de la manera más objetiva posible al análisis de diseño de túneles y de sus elementos de soporte.

7. Referencias

Eberhardt, E (2012). The Hoek–Brown Failure Criterion. Rock Mech Rock Eng 45:981–988. DOI 10.1007/s00603-012-0276-4

Gandori, R., Jaeger, M., Antonini, F., Vigl L. Evinos-Mornos Tunnel – Greece.

Gonzales, J. Curvas Convergencia-Confinamiento en macizos rocosos no homogéneos con daño por voladura (2015). Tesis Doctoral, Universidad de Vigo.

Hoek, E., Brown, E. 1985. Excavaciones Subterráneas. McGraw Hill. P: 634.

Hoek, E. Rock Support Interaction analysis for tunnels in weak rock masses.

Hoek, E & Brown, T. Estimación de la resistencia de macizos rocosos en la práctica

Hoek, E. Carranza-Torres, C. Corkum, B. El criterio de rotura de Hoek-Brown (2002).

Hoek, E and Guevara, R. Overcoming squeezing in the Yacambú-Quibor tunnel, Venezuela. 2009. Rock Mechanics and Rock Engineering, Vol. 42, No. 2, 389 - 418.

Hurlimann, Z, M. Análisis comparativo de los criterios de rotura de Hoek&Brown y Mohr-Coulomb en el estudio de estabilidad en macizos rocosos (2011).

Soto. P.R. Construcción de túneles. Tesis de grado, Universidad Austral de Chile (2004)

Ucar, R. Una nueva metodología para determinar la resistencia al corte en macizos rocosos y en el concreto. Academia nacional de la ingeniería y el hábitat y universidad de los Andes, Mérida, Venezuela.

Ubaldo, R. Selección del tipo de revestimiento en túneles carreteros. Tesis de maestría, Universidad Nacional Autónoma de Mexico. 2016

R. Padua-Fernández, R. Rivera-Constantino, & H. Marengo-Mogollón. Diseño geotécnico del túnel de desfogue del proyecto hidroeléctrico La Yesca, México. PanAm CGS Geotechnical Conference 2011.

Vallejo, L., Ferrer, M. Ortuño, L., Oteo, Carlos. Ingeniería Geológica. 2002. Prentice Hall. P: 744.

Szechy, K.A. The art of tunnelling (1966).

yes **I want** morebooks!

Buy your books fast and straightforward online - at one of world's fastest growing online book stores! Environmentally sound due to Print-on-Demand technologies.

Buy your books online at
www.morebooks.shop

¡Compre sus libros rápido y directo en internet, en una de las librerías en línea con mayor crecimiento en el mundo! Producción que protege el medio ambiente a través de las tecnologías de impresión bajo demanda.

Compre sus libros online en
www.morebooks.shop

KS OmniScriptum Publishing
Brivibas gatve 197
LV-1039 Riga, Latvia
Telefax: +371 686 204 55

info@omniscriptum.com
www.omniscriptum.com

Printed by Books on Demand GmbH, Norderstedt / Germany